Paul Davies
Die letzten drei Minuten

Paul Davies

Die letzten drei Minuten

Das Ende des Universums

Aus dem Englischen übertragen
von Karl A. Klewer

Hans-Ulrich [illegible]
[illegible] 2001

C. Bertelsmann

Die Originalausgabe ist 1994 unter dem Titel
»The Last Three Minutes« bei Basic Books, New York,
erschienen.

Die Serie »Science Masters« erscheint weltweit und umfaßt populärwissenschaftliche Bücher, die von international führenden Wissenschaftlern verfaßt werden. An diesem einzigartigen Projekt beteiligen sich sechsundzwanzig Verlage, die John Brockman zusammengebracht hat. Die Idee zu dieser Serie stammt von Anthony Cheetham vom englischen Verlag Orion und von John Brockman, der eine Literaturagentur in New York leitet. Entwickelt wurde die Serie »Science Masters« in Zusammenarbeit mit dem amerikanischen Verlag BasicBooks.

Umwelthinweis:
Dieses Buch und der Schutzumschlag wurden
auf chlorfrei gebleichtem Papier gedruckt.
Die Einschrumpffolie (zum Schutz vor Verschmutzung)
ist aus umweltschonender und recyclingfähiger
PE-Folie.

2. Auflage

Umschlaggestaltung: Design Team München
Satz: Uhl + Massopust, Aalen
Druck und Bindung: Graph. Großbetrieb Pößneck
Printed in Germany
ISBN 3-570-12005-8

Und so werden eines Tages die machtvollen Wälle des unermeßlichen Universums der Gewalt der sie umringenden feindlichen Kräfte erliegen und, dem Untergang anheim gegeben, zerfallen.

Lukrez, Über die Natur der Dinge

Inhalt

Vorwort 9

Weltuntergang 15
Das sterbende Universum 23
Die ersten drei Minuten 35
Sternendämmerung 55
Endlose Nacht senkt sich herab 69
Wieviel wiegt das Universum 89
Ewig ist eine lange Zeit 106
Ein Leben auf der Kriechspur 126
Ein Leben auf der Überholspur 148
Plötzlicher Tod und Wiedergeburt 158
Welten ohne Ende? 173

Bibliographie 190
Register 192

Vorwort

Als ich Anfang der sechziger Jahre studierte, fand die Frage nach dem Ursprung des Universums allenthalben starke Beachtung. Zwar war die bereits in den zwanziger Jahren entwickelte, doch erst seit den fünfziger Jahren allmählich ernsthaft in Erwägung gezogene Urknall-Theorie durchaus bekannt, überzeugte aber kaum jemanden. Eine Vorrangstellung nahm in manchen Kreisen immer noch die mit ihr konkurrierende Steady-state-Theorie ein, derzufolge ein sich ausdehnendes Weltall, das in der Zeit weder Anfang noch Ende hat, durch die fortwährende Erzeugung von Materie für eine gleichbleibende Massendichte sorgt. Als dann 1965 Robert Penzias und Arno Wilson die kosmische Hintergrund-Wärmestrahlung entdeckten, sah die Lage anders aus. Diese Entdeckung war ein deutlicher Hinweis auf eine mit großer Hitze einhergehende, explosionsartige, plötzliche Entstehung des Universums.

Fieberhaft überlegten Kosmologen, welche Folgerungen sich aus dieser Entdeckung ergeben würden. Wie hoch war die Temperatur im Universum eine Million Jahre nach dem Urknall? Und ein Jahr danach? Eine Sekunde danach? Welche physikalischen Prozesse mochten in diesem urzeitlichen Inferno abgelaufen sein? Ob es Überbleibsel aus der Morgendämmerung der Schöpfung gab, aus denen sich Schlüsse auf die zu jener Zeit wahrscheinlich herrschenden extremen Bedingungen ziehen ließen?

Ich erinnere mich noch gut an eine Kosmologie-Vorlesung aus dem Jahre 1968, die der Professor mit einer Besprechung der Urknall-Theorie im Lichte der Entdeckung der kosmischen Hintergrundstrahlung abschloß. »Manche Theoretiker haben, Angaben über die chemische Zusammensetzung des Universums gemacht und sich dabei auf die in den ersten drei Minuten nach dem Urknall abgelaufenen atomaren Prozesse gestützt«, erklärte er mit feinem Lächeln. Im Hörsaal brach schallendes Gelächter aus. Der Versuch, den Zustand des Universums wenige Augenblicke nach seiner Entstehung zu beschreiben, schien von abenteuerlicher Verwegenheit. Nicht einmal Erzbischof James Ussher, den im 17. Jahrhundert das gründliche Studium der in der Bibel dargestellten Zeitabläufe zu der Aussage bewogen hatte, das Universum sei am 23. Oktober des Jahres 4004 v. Chr. entstanden, hatte die Kühnheit besessen, den genauen Ablauf der Ereignisse während der ersten drei Minuten darzustellen.

So schnell schreitet die Wissenschaft voran, daß ein knappes Jahrzehnt nach der Entdeckung der Hintergrundstrahlung für Studenten die ersten drei Minuten des Universums zur Normalkost geworden waren. Lehrbücher wurden zu diesem Thema geschrieben. Dann veröffentlichte 1977 der amerikanische Physiker und Kosmologe Steven Weinberg ein Buch mit dem treffenden Titel *Die ersten drei Minuten*. Es wurde nicht nur ein Verkaufsschlager, sondern ein Meilenstein auf dem Gebiet der populärwissenschaftlichen Literatur. Hier lieferte ein weltweit anerkannter Experte dem breiten Lesepublikum einen detaillierten, vollkommen überzeugenden Bericht über Abläufe, die wenige Augenblicke nach dem Urknall stattgefunden haben sollen.

Während die Öffentlichkeit diese mitreißenden Entwicklungen zur Kenntnis nahm, war die Naturwissenschaft bereits unterwegs zu weiteren Entdeckungen. Sie verlagerte ihre Aufmerksamkeit immer mehr vom sogenannten frühen Universum – wenige Minuten nach dem Urknall – auf das sehr frühe Universum – einen nahezu verschwindend geringen Sekundenbruchteil nach dem Beginn. Etwa zehn Jahre später konnte der britische Mathematiker und Physiker Stephen Hawking in seinem Werk *Eine kurze Geschichte der Zeit* mit einer gewissen Sicherheit die jüngsten Vorstellungen beschreiben, die man sich über die erste billionstel-billionstel-billionstel Sekunde machte. Das Gelächter, das 1968 am Ende jener Vorlesung ausbrach, klingt inzwischen ziemlich hohl.

Da die Urknall-Theorie in der Naturwissenschaft wie beim breiten Publikum mittlerweile fest verankert ist, denkt man immer mehr über die Zukunft des Universums nach. Wir können uns zwar ganz gut vorstellen, wie das Universum begann – doch wie wird es enden? Was wissen wir über sein endgültiges Schicksal? Wird das Universum mit einem Knall oder mit einem Klagelaut enden? Wird es überhaupt enden? Und was geschieht mit uns? Kann die Menschheit, können unsere Nachkommen, ob es nun Menschen aus Fleisch und Blut oder Roboter sind, in alle Ewigkeit weiterleben?

Auch wenn der Weltuntergang vielleicht nicht unmittelbar bevorsteht, so kann man sich solchen Fragen doch unmöglich entziehen. Unser Kampf ums Überleben auf dem Planeten Erde, den gegenwärtig vom Menschen verursachte Krisen erschüttern, wird in einen willkommenen neuen Zusammenhang gerückt, wenn wir gezwungen sind, über die kosmologische Dimension unserer Existenz nachzudenken. Gestützt auf die jüngsten Theorien einiger bekannter Physiker und Kosmologen beschreibt dieses Buch, *Die letzten drei Minuten*, die Zukunft des Universums, soweit wir sie vorherzusagen vermögen. Es ist nicht ganz und gar apokalyptisch. Tatsächlich birgt die Zukunft das Versprechen eines beispiellosen Potentials an Entwicklung und Fülle der Erfahrung. Doch können wir uns der Tatsache nicht verschließen, daß etwas, das ins Leben treten kann, auch aufhören kann zu existieren.

Dieses Buch wendet sich an ein allgemeines Publikum. Naturwissenschaftliche oder mathematische Vorkenntnisse sind nicht erforderlich. Allerdings muß ich von Zeit zu Zeit mit sehr großen oder sehr kleinen Zahlen operieren, wobei mir die mathematische Darstellung durch die sogenannten Zehnerpotenzen nützlich ist. Beispielsweise wird ›hundert Milliarden‹ als 100 000 000 000 ausgeschrieben – eine recht umständliche Form. Da bei dieser Zahl auf die 1 elf Nullen folgen, können wir ihren Wert darstellen, indem wir 10^{11} schreiben – gesprochen ›zehn hoch elf‹. Dementsprechend wird eine Million als 10^6 und eine Billion als 10^{12} geschrieben und so weiter. Man darf aber nicht vergessen, daß bei dieser Wiedergabe von Zahlen nicht unbedingt deutlich wird, in welchem Umfang ihr Wert zunimmt: 10^{12} ist das Hundertfache von 10^{10} und steht mithin für eine weit höhere Zahl, auch wenn sie sehr ähnlich aussieht. Im negativen Bereich lassen sich mit Hilfe von Zehnerpotenzen außerordentlich kleine Zahlen ausdrücken: So schreibt man den Bruch ›ein Milliardstel‹, bei dem im Nenner (also unter dem Bruchstrich) immerhin neun Nullen auf die 1 folgen, oder 1/1 000 000 000 als 10^{-9} (zehn hoch minus neun).

Schließlich möchte ich den Leser noch darauf hinweisen, daß die im vorliegenden Buch dargelegten Gedanken zwangsläufig äußerst spekulativer Natur sind. Zwar stützen sie sich vorwiegend auf die gegenwärtig verfügbaren Erkenntnisse der Naturwissenschaft, doch kann man der Zukunftsforschung nicht den gleichen Status zusprechen wie anderen wissenschaftlichen Bemühungen. Dennoch ist die Verlockung unwiderstehlich, über die letzte Bestimmung des Kosmos zu spekulieren. In diesem Geist aufgeschlossenen Forschens habe ich das Buch geschrieben. Die Grundvorstellung von einem Universum, das in einem Urknall entsteht, sich ausdehnt und weiter abkühlt, bis es einen Endzustand der physikalischen Auflösung erreicht, wenn es nicht in einer Katastrophe zusammenbricht, ist wissenschaftlich recht gut begründet. Weit weniger sicher aber sind die physikalischen Prozesse innerhalb der unvorstellbar riesigen Zeiträume, um die es dabei geht. Astronomen haben eine klare Vorstellung vom allgemeinen Schicksal gewöhnlicher Sterne und gelangen mehr und mehr zu der Überzeugung, daß sie die wesentlichen Merkmale von Neutronensternen und Schwarzen Löchern verstehen. Doch sollte das Universum noch über viele Billionen Jahre hinweg oder länger Bestand haben, besteht die Möglichkeit, daß es zu unwägbaren physikalischen Auswirkungen kommt, über die wir zur Zeit lediglich Vermutungen anzustellen vermögen, die aber letzten Endes äußerst bedeutsam werden könnten.

Angesichts des Problems, daß wir die Natur nicht vollkommen verstehen können, bleibt uns für den Versuch, das endgültige Schicksal des Universums zu erkunden, nichts anderes übrig, als die besten der uns verfügbaren Theorien heranzuziehen und sie, ihren logischen Schlußfolgerungen gemäß, zu extrapolieren. Die Schwierigkeit besteht darin, daß viele Theorien, die für unser Thema, das Schicksal des Universums, von Bedeutung sind, nicht experimentell überprüft werden können. Manche der von mir dargestellten Prozesse – beispielsweise die Aussendung von Gravitationswellen, Protonenzerfall und die Strahlung Schwarzer Löcher – werden von den Theoretikern begeistert bestätigt, aber sie sind bisher nicht beobachtet worden. Ebenso wird es zweifellos andere physikalische Prozesse geben, von denen wir nichts wissen, die aber die hier dargestellten Theorien dramatisch ändern könnten.

Noch größer werden diese Unsicherheiten, wenn wir berücksichtigen, daß sich möglicherweise die Existenz intelligenten Lebens im Universum auswirkt. Auch wenn wir hier das Gebiet des Science-fiction-Romans betreten, können wir die Tatsache nicht leugnen, daß Lebewesen das Verhalten physikalischer Systeme im Verlauf von Äonen in immer größerem Maßstab nachhaltig zu beeinflussen vermögen. Ich habe mich entschlossen, die Frage des Lebens im All mit einzubeziehen, weil für viele Leser die Faszination, die vom ungewissen Schicksal des Universums ausgeht, untrennbar mit ihrer Sorge um das

Schicksal der Menschen oder ihrer fernen Nachkommen verbunden ist.. Allerdings sollten wir daran denken, daß die Wissenschaft weder genaue Kenntnisse vom Wesen des menschlichen Bewußtseins noch von den physikalischen Voraussetzungen besitzt, die gewährleisten könnten, daß bis in die ferne Zukunft des Universums hinein eine Bewußtseinsaktivität möglich ist.

Danken möchte ich John Barrow, Frank Tipler, Jason Twamley, Roger Penrose und Duncan Steel für hilfreiche Gespräche über das Thema dieses Buches, dem Herausgeber der Reihe, Jerry Lyons, für seine kritische Durchsicht des Manuskripts und Sara Lippincott für ihre ausgezeichnete Arbeit bei der Herstellung seiner endgültigen Fassung.

Weltuntergang

Datum: 21. August 2126. Weltuntergang

Ort der Handlung: unsere Erde. Überall auf dem Planeten halten verzweifelte Menschen Ausschau nach einem Versteck. Für Milliarden gibt es keine Zuflucht. Manche fliehen tief unter die Erde, suchen in Panik nach Höhlen und aufgegebenen Bergwerksschächten oder begeben sich in U-Booten aufs offene Meer. Andere ziehen randalierend und mordlustig durch die Lande, als ob das Ganze sie nichts anginge. Die meisten sitzen einfach mit düsteren Mienen da und warten verstört auf das Ende.

Hoch am Himmel ist ein riesiger Lichtpfeil eingebrannt. Was als bleistiftschmaler, sanft strahlender Nebelfleck begann, ist von Tag zu Tag mehr angeschwollen, bis es in der Leere des Raumes einen kochenden Strudel aus Gas bildete. Am oberen Ende eines Dampfstreifens dräut ein mißgestalteter dunkler Klumpen. Der winzig wirkende Kopf des Kometen täuscht über seine ungeheure Zerstörungskraft hinweg. Er nähert sich der Erde mit der atemberaubenden Geschwindigkeit von knapp 65 000 Stundenkilometern und kommt ihr mit jeder Sekunde um achtzehn Kilometer näher – eine Masse von einer Billion Tonnen Eis und Gestein, die mit siebzigfacher Schallgeschwindigkeit aufprallen wird. Die Menschen haben keine andere

Möglichkeit, als tatenlos zuzusehen und abzuwarten. Wortlos schalten die Wissenschaftler, die im Angesicht des Unausweichlichen längst ihre Teleskope verlassen haben, die Rechner ab. Die endlosen Simulationen der Katastrophe sind noch zu ungenau, und was sich aus ihnen folgern läßt, ist ohnehin viel zu beunruhigend, als daß man es der Öffentlichkeit mitteilen könnte. Einige Wissenschaftler haben ausgeklügelte Überlebensstrategien entwickelt und sich dabei mit Hilfe ihres technischen Wissens Vorteile gegenüber ihren Mitmenschen zu verschaffen gesucht. Andere beabsichtigen die Katastrophe so aufmerksam wie möglich zu beobachten. Ihrer Rolle als Diener der Wissenschaft bis zum Ende treu, wollen sie die gewonnenen Daten zum Nutzen der Nachwelt auf tief in der Erde vergrabene Zeitkapseln übertragen.

Der Augenblick des Aufpralls rückt näher. Millionen von Menschen auf der ganzen Welt blicken unruhig auf die Uhr. Die letzten drei Minuten.

In geringer Höhe birst der Himmel. Mehrere tausend Kubikkilometer Luft werden beiseite geschoben. Ein sengender Flammenfinger, größer als eine Stadt, biegt sich nach unten und erreicht die Erde fünfzehn Sekunden später. Der Planet wird durch die Kraft von zehntausend Erdbeben erschüttert. Die verdrängte Luft fegt als Druckwelle über die Erdoberfläche, walzt nieder, was sich über dem Boden erhebt, und läßt alles auf ihrem Weg zu Staub zerfallen. Das ebene Gelände um die Aufschlagstelle herum türmt sich zu einem mehrere Kilometer hohen Ring aus flüssigen Bergen auf und legt in einem Krater von hundertfünfzig Kilometern Durchmesser die Eingeweide der Erde bloß. In Wellenbewegungen frißt sich der Wall aus geschmolzenem Gestein immer weiter und wirft die Landschaft auf wie eine langsam geschüttelte Wolldecke.

Im Inneren des Kraters verdampfen Billionen von Tonnen Gestein. Noch weit mehr wird in die Luft geschleudert; einiges fliegt bis in den Weltraum. Ein noch größerer Teil saust über einen halben Kontinent hinweg, prasselt Hunderte oder gar

Tausende von Kilometern entfernt herab und zerstört alles unter sich. Manches von dem herausgeschleuderten verflüssigten Gestein geht auch über den Weltmeeren nieder und erzeugt dort gigantische Flutwellen, die ihrerseits zu der um sich greifenden Katastrophe beitragen. Eine gewaltige Säule aus staubigem Schutt erhebt sich in die Atmosphäre und verdunkelt die Sonne über dem gesamten Planeten. Nunmehr erscheint anstelle ihres Lichts das düstere Flackern von einer Milliarde Meteore, die den Boden unter sich mit ihrer sengenden Hitze verbrennen, während das emporgeschleuderte Material aus dem Weltraum in die Atmosphäre zurückfällt.

Diese Beschreibung gründet sich auf die Voraussage, der Swift-Tuttle-Komet werde am 21. August 2126 auf die Erde aufschlagen. Wenn das einträfe, würde es zweifellos zu einer globalen Verwüstung führen und die menschliche Zivilisation vernichten. Als dieser Komet 1993 in unsere Nähe kam, ergaben frühe Berechnungen, daß ein Aufprall im Jahre 2126 durchaus im Bereich des Möglichen liegt. Sie wurden inzwischen überarbeitet und lassen den Schluß zu, daß er die Erde um zwei Wochen verfehlen wird: damit entkommt sie ihm um Haaresbreite. Wir können aufatmen. Doch gänzlich gebannt ist die Gefahr damit keineswegs. Früher oder später *wird* der Swift-Tuttle-Komet oder ein ähnlicher Himmelskörper mit der Erde zusammenstoßen. Schätzungen zufolge bewegen sich zehntausend Objekte mit einem Durchmesser von einem halben Kilometer oder mehr auf Umlaufbahnen, welche die der Erde schneiden. Der Ursprung dieser astronomischen Eindringlinge ist in den kalten äußeren Regionen des Sonnensystems zu suchen. Bei einigen von ihnen handelt es sich um Kometen-Überreste, die das Schwerefeld der Planeten eingefangen hat, andere kommen aus dem Asteroidengürtel zwischen Mars und Jupiter. Die Instabilität ihrer Umlaufbahn bewirkt, daß sich diese kleinen, aber tödlichen Himmelskörper dauernd hin- und herbewegen: Sie dringen in das innere Sonnensystem ein und verlassen es wieder, was eine ständige Gefahr für die Erde und ihre Schwesterplaneten bedeutet.

Viele von ihnen können größeren Schaden anrichten als alle Atomwaffen der Welt zusammen. Es ist lediglich eine Frage der Zeit, bis einer dieser Himmelskörper auf die Erde trifft. Das aber bedeutet Schlimmes für das Menschengeschlecht. Die Geschichte unserer Spezies wird eine plötzliche, nie dagewesene Unterbrechung erfahren. Für die Erde selbst hingegen ist ein solches Ereignis nicht besonders ungewöhnlich. Zum Aufschlag eines Kometen oder Asteroiden dieser Größenordnung kommt es im Durchschnitt alle paar Millionen Jahre. Man nimmt allgemein an, daß vor fünfundsechzig Millionen Jahren ein derartiges Vorkommnis – oder mehrere – für das Aussterben der Dinosaurier verantwortlich gewesen sei. Beim nächsten Mal könnte es uns treffen.

Der Glaube an den Weltuntergang ist in den meisten Religionen und Kulturen tief verwurzelt. Einen anschaulichen Bericht vom Tod und der Zerstörung, die uns in einem solchen Fall bevorstehen, liefert uns die Offenbarung des Johannes im Neuen Testament:

> Und es geschahen Blitze und Stimmen und Donner; und ein großes Erdbeben geschah, desgleichen nicht geschehen ist, seitdem ein Mensch auf der Erde war, ein so gewaltiges, so großes Erdbeben. ... die Städte der Nationen fielen ... Und jede Insel verschwand, und Berge wurden nicht gefunden. Und ein großer Hagel, wie zentnerschwer, fällt aus dem Himmel auf die Menschen nieder; und die Menschen lästerten Gott wegen der Plage des Hagels, denn seine Plage ist sehr groß.

Es gibt zwar viele Schrecknisse, die der Erde widerfahren können, diesem zerbrechlichen Gebilde in einem Universum, das von gewaltigen Kräften beherrscht wird, aber sie hat dem Leben immerhin mindestens dreieinhalb Milliarden Jahre hindurch eine gastliche Stätte geboten. Das Geheimnis unseres Erfolges auf diesem Planeten ist Raum. Unermeßlich viel Raum. Unser Sonnensystem stellt eine winzige Insel der Aktivität in einem Meer der Leere dar. Der nächstgelegene Stern (nach der Sonne) liegt mehr als vier Lichtjahre entfernt. Um in etwa eine Vorstellung davon zu bekommen, wie weit das ist, bedenke man, daß das Licht die rund 150 Millionen km von der Sonne zur Erde in nur achteinhalb Minuten zurücklegt. In vier Jahren bewältigt es über 37 Billionen km.

Unsere Sonne ist ein typischer Zwergstern, der sich in einer typischen Region unserer Galaxis, der Milchstraße, befindet. Diese enthält rund hundert Milliarden Sterne, deren Masse zwischen wenigen Prozent und dem Hundertfachen der Sonnenmasse liegt. Gemeinsam mit einer Unmenge von Gaswolken, Staub und einer unbekannten Anzahl von Kometen, Asteroiden, Planeten und Schwarzen Löchern umkreisen sie langsam die Mitte der Galaxis. Eine solch riesige Ansammlung von Himmelskörpern könnte den Eindruck erwecken, daß dort drangvolle Enge herrscht, doch muß man sich klarmachen, daß allein der sichtbare Teil der Milchstraße in der Breite rund hunderttausend Lichtjahren entspricht. Die Galaxis ist wie ein Teller geformt, mit einer Wölbung im Zentrum; um sie herum sind einige aus Sternen und Gas bestehende Spiralarme verteilt. In einem solchen Spiralarm befindet sich unsere Sonne, dreißigtausend Lichtjahre von der Mitte entfernt.

Soweit uns bekannt ist, gibt es an der Milchstraße nichts Außergewöhnliches. Eine ähnliche Galaxie, mit dem Namen Andromeda, liegt etwa zwei Millionen Lichtjahre von ihr entfernt in Richtung des gleichnamigen Sternbildes. Sie läßt sich mit bloßem Auge als undeutlicher Lichtfleck gerade noch wahrnehmen. Viele Milliarden Galaxien, manche spiralförmig, manche elliptisch, andere unregelmäßig geformt, schmücken das ganze beobachtbare Universum. Die Entfernungen sind unermeßlich. Leistungsstarke Teleskope können einzelne Galaxien abbilden, die mehrere Milliarden Lichtjahre entfernt sind. Das Licht mancher von ihnen hat für den Weg zur Erde länger gebraucht, als diese existiert (nämlich viereinhalb Milliarden Jahre).

Wegen dieses ungeheuer weiten Raumes sind Zusammenstöße von Himmelskörpern selten. Die größte Bedrohung für die Erde dürfte sozusagen aus ihrem eigenen Hinterhof kommen. Größtenteils verläuft die Umlaufbahn von Asteroiden nicht in Erdnähe; sie finden sich hauptsächlich im Gürtel zwischen Mars und Jupiter. Aber die gewaltige Masse des Jupiter kann ihre Umlaufbahnen so beeinflussen, daß gelegentlich einer von ihnen in Richtung auf die Sonne abgelenkt wird, womit er zur Bedrohung für die Erde werden kann.

Kometen stellen eine andere Gefahr dar. Diese außergewöhnlichen Himmelskörper stammen angeblich aus einer unsichtbaren Wolke, die ungefähr ein Lichtjahr von der Sonne entfernt ist. Dabei geht die eigentliche Gefahr nicht von Jupiter aus, sondern von vorüberziehenden Sternen. Eine Galaxie ist nicht statisch; sie dreht sich langsam, während die zu ihr gehörigen Sterne um ihren Kern kreisen. Für einen vollständigen Umlauf um unsere Galaxis braucht die Sonne mit ihrem kleinen Gefolge aus Planeten etwa zweihundert Millionen Jahre. Dabei begegnen ihnen zahlreiche Abenteuer. In der Nähe befindliche Sterne können die Wolke aus Kometen streifen und dadurch einige in Richtung auf die Sonne ablenken. Auf ihrem Weg durch das innere Sonnensystem verdampft unter dem Einfluß der Sonne ein Teil ihres flüchtigen Materials, und der Sonnenwind bläst es wie eine lange Luftschlange durch einen unermeßlichen Raum – so entsteht der bekannte Kometenschweif. Nur äußerst selten stößt ein Komet mit der Erde zusammen, während er sich im inneren Sonnensystem befindet. Doch selbst wenn er derjenige ist, der den Schaden anrichtet, so liegt die Verantwortung dafür beim vorüberziehenden Stern. Glücklicherweise dienen die ungeheuren Entfernungen zwischen den Sternen als Puffer, die uns gegen allzu viele solcher Zustammenstöße abschirmen.

Auch andere Objekte können auf ihrem Weg rund um unsere

Galaxis die Bahn der Erde kreuzen. Riesige Gaswolken treiben langsam vorüber, und obwohl in ihnen das Gas noch dünner verteilt ist als in einem im Labor erzeugten Vakuum, können sie den Sonnenwind drastisch verändern und sich auf die Wärmeströmung der Sonne auswirken. Andere, unheilvollere Objekte lauern vielleicht in den finsteren Tiefen des Weltraums: streunende Planeten, Neutronensterne, Braune Zwerge und Schwarze Löcher – diese alle und noch weitere könnten uns ungesehen und ohne Vorwarnung heimsuchen und unabsehbare Verheerungen im Sonnensystem anrichten.

Die Bedrohung könnte aber noch heimtückischer sein. Nach Ansicht mancher Astronomen gehört die Sonne möglicherweise, gleich vielen anderen Sternen unserer Galaxis, zu einem Doppelstern-System. Sofern unser Begleitstern existiert – man hat ihm den Namen Nemesis oder Todesstern gegeben –, ist er zu schwach und zu weit entfernt, als daß man ihn bisher hätte entdecken können. Dennoch wäre es möglich, daß sich seine Anwesenheit bei seinem langsamen Umlauf um die Sonne durch sein Schwerefeld auswirkt, indem er immer wieder ferne Kometen in ihrem Umlauf beeinflußt und sie damit in Richtung auf die Erde ablenkt. Das könnte zu einer Reihe zerstörerischer Zusammenstöße führen. Geologen haben festgestellt, daß es in der Vergangenheit tatsächlich in Abständen von jeweils rund dreißig Millionen Jahren zu ökologischen Katastrophen großen Maßstabs gekommen ist.

Weiter entfernt im Raum haben Astronomen ganze Galaxien beobachtet, die offensichtlich zusammengestoßen sind. Wie groß ist die Aussicht, daß eine andere Galaxie auf die Milchstraße prallt? Aus den sehr schnellen Bewegungen gewisser Sterne kann man schließen, daß unsere Galaxis möglicherweise schon Zusammenstöße mit kleineren Galaxien in der Nähe erlebt hat. Doch bedeutet der Zusammenstoß zweier Galaxien nicht unbedingt eine Katastrophe für die Sterne, aus denen sie bestehen, denn so unermeßlich sind die Abstände zwischen ihnen, daß die Galaxien miteinander verschmelzen können, ohne daß dabei einzelne Sterne aufeinanderprallen müssen.

Die meisten Menschen fasziniert die Aussicht auf den Weltuntergang, die plötzliche aufsehenerregende Zerstörung der Welt. Doch ist die Gefahr eines gewaltsamen Todes geringer als die eines langsamen Zerfalls. Es gibt viele Möglichkeiten, wie die Erde nach und nach unbewohnbar werden könnte. Eine allmähliche Verschlechterung der ökologischen Bedingungen, Klimaveränderungen, eine kaum merkliche Abweichung in der Wärmeabstrahlung der Sonne – all das könnte unser Wohlbefinden, wenn nicht gar das Überleben auf unserem anfälligen Planeten bedrohen. Doch finden solche Veränderungen im Laufe von Tausenden oder gar Millionen von Jahren statt, und so ist es denkbar, daß die Menschheit imstande ist, mit Hilfe einer fortgeschrittenen Technologie etwas dagegen zu unternehmen. Beispielsweise würde das allmähliche Einsetzen einer neuen Eiszeit nicht unbedingt für unsere Art die endgültige Katastrophe bedeuten, vorausgesetzt, uns bleibt Zeit für organisierte Gegenmaßnahmen. Man darf vermuten, daß die Technologie im Lauf der kommenden Jahrtausende weiterhin großartige Fortschritte machen wird. Für den Fall ist die Vorstellung verlockend, daß die Menschen oder ihre Nachkommen die Herrschaft über immer größere physikalische Systeme zu erlangen vermöchten und schließlich in der Lage sein könnten, selbst Katastrophen auf astronomischer Ebene abzuwenden.

Kann die Menschheit im Prinzip ewig weiterleben? Vielleicht. Doch wir werden sehen, daß Unsterblichkeit nicht leicht zu erlangen ist und sich durchaus als unmöglich erweisen kann. Das Universum selbst ist physikalischen Gesetzen unterworfen, die ihm seinen Lebenszyklus vorschreiben: Geburt, Entwicklung und – vielleicht – Tod. Unser eigenes Schicksal ist unausweichlich an das der Sterne gebunden.

Das sterbende Universum

Im Jahre 1856 machte der Physiker Hermann von Helmholtz die wahrscheinlich deprimierendste Voraussage in der Geschichte der Naturwissenschaft. Das Universum, erklärte er, stehe im Begriff zu sterben. Diese apokalyptische Äußerung begründete er mit dem sogenannten Zweiten Hauptsatz der Thermodynamik, den man ursprünglich Anfang des neunzehnten Jahrhunderts als eher technische Aussage über die Leistungsfähigkeit von Wärmemaschinen formuliert hatte. Bald aber erkannte man, daß dieser Satz universelle, ja, im wahrsten Sinne des Wortes, kosmische Bedeutung besaß.

Letztlich besagt er nichts anderes, als daß Wärmeenergie stets von einem wärmeren zu einem kälteren Körper fließt – eine uns allen wohlvertraute und offensichtliche Eigenschaft physikalischer Systeme. Wir nehmen sie immer dann wahr, wenn wir Essen kochen oder eine Tasse heißen Kaffee abkühlen lassen: Die Wärme fließt aus dem Bereich der höheren Temperatur in den der niedrigeren. Daran ist nichts Geheimnisvolles. In der Materie äußert sich Wärme in Gestalt von Molekularbewegung. Die Moleküle wirbeln in einem Gas, beispielsweise der Luft, ungeordnet durcheinander und stoßen immer wieder miteinander zusammen. Selbst in einem festen Körper befinden sich die Atome in fortwährender heftiger Bewegung. Je wärmer

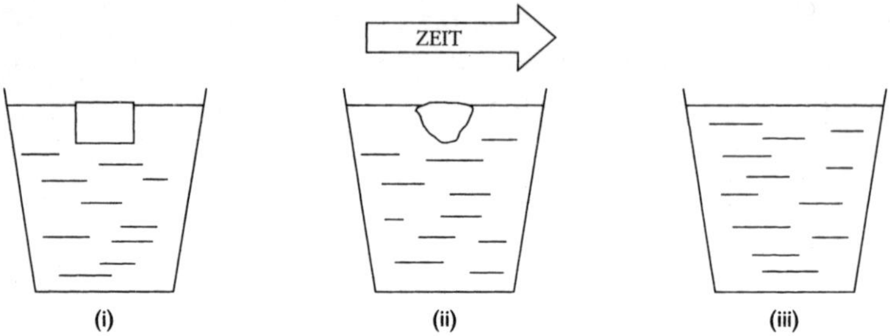

Abbildung 1: Der Zeitpfeil. Der schmelzende Eisblock legt eine Richtung in der Zeit fest. Wärme geht aus dem warmen Wasser auf das kalte Eis über. Einen Film, der die Abfolge (iii), (ii), (i) zeigte, würde man sogleich als Trickaufnahme erkennen. Merkmal dieser Asymmetrie ist eine als Entropie bezeichnete Größe, die zunimmt, während das Eis schmilzt.

dieser Körper ist, desto heftiger ist seine Molekularbewegung. Gelangen zwei Körper von unterschiedlicher Temperatur in Berührung miteinander, greift die heftigere Molekularbewegung im wärmeren von ihnen schon bald auf die Moleküle des kälteren über.

Weil Wärmeenergie stets nur in einer Richtung fließt, ist auch der zeitliche Ablauf des Prozesses einseitig festgelegt. Ließe man in einem Trickfilm Wärme spontan von einem kalten auf einen warmen Körper übergehen, sähe das ebenso unsinnig aus wie ein Fluß, der bergauf fließt oder Regentropfen, die zu den Wolken emporsteigen. Daher können wir dem Wärmefluß eine grundlegende Richtungsbestimmtheit zuordnen, die man häufig durch einen von der Vergangenheit in die Zukunft weisenden Pfeil wiedergibt. Dieser »Zeitpfeil«, der darauf hindeutet, daß sich thermodynamische Prozesse nicht umkehren lassen, fasziniert Physiker seit hundertfünfzig Jahren (s. Abbildung 1).

Aufgrund der Arbeit von Helmholtz, Rudolf Clausius und Lord Kelvin erkannte man die Bedeutung einer als Entropie bezeichneten Größe zur Kennzeichnung irreversibler Veränderung im Bereich der Thermodynamik. In dem einfachen Fall eines warmen Körpers, der mit einem kalten in Berührung kommt, läßt sich die Entropie als Wärmeenergie dividiert durch Temperatur definieren. Nehmen wir an, eine geringe Menge Wärmeenergie fließt von einem warmen zu einem kalten Körper. Dabei büßt ersterer einen Teil Entropie ein, und letzterer nimmt einen Teil auf. Da es sich dabei um die gleiche Wärmemenge handelt (während sich die Temperaturen unterscheiden), ist die von dem kälteren Körper aufgenommene Entropie größer als die von dem warmen abgegebene. Also die Gesamtentropie des ganzen Systems – warmer Körper plus kalter Körper – nimmt zu. Mithin besagt der Zweite Hauptsatz der Thermodynamik, daß die Entropie in einem solchen System nie abnehmen kann, denn wenn es so wäre, würde das bedeuten, daß Wärme spontan von einem kalten auf einen warmen Körper übergeht.

Auf der Grundlage einer eingehenderen Analyse kann dieses Gesetz für alle geschlossenen Systeme verallgemeinert werden: Die Entropie nimmt nie ab. Enthält ein System einen Kühlschrank, der Wärme von einem kalten auf einen warmen Körper übertragen *kann*, ist bei der Entropie des gesamten Systems die zum Betrieb des Kühlschranks erforderliche Energie zu berücksichtigen. Die Technik des Energieaufwands läßt die Entropie zunehmen. In allen Fällen übertrifft die durch den Betrieb des Kühlschranks erzeugte Entropie die Abnahme der Entropie, zu der es durch den Übergang von Wärmeenergie von einem kalten auf einen warmen Körper kommt. Auch bei natürlichen Systemen (Beispiele dafür sind biologische Organismen oder Systeme, in denen Kristalle entstehen) nimmt die Entropie in einem Teil des Systems häufig ab. Diese Abnahme wird aber stets durch eine entsprechende Zunahme der Entropie in einem anderen Teil des Systems ausgeglichen. Insgesamt nimmt die Entropie nie ab.

Wenn man das Universum als Ganzes unter der Voraussetzung, daß es »außerhalb« von ihm nichts gibt, als geschlossenes System betrachten kann, macht der Zweite Hauptsatz der Thermodynamik eine wichtige Voraussage: Die gesamte Entropie des Universums nimmt nie ab; sie nimmt im Gegenteil erbarmungslos zu. Ein gutes Beispiel dafür findet sich vor unserer Haustür: die Wärme, welche die Sonne beständig in die kalten Tiefen des Weltraums abstrahlt. Sie verschwindet im All und kehrt nie wieder; es handelt sich um einen Prozeß von atemberaubender Irreversibilität.

Die Frage liegt nahe, ob die Entropie im Universum für alle Zeiten weiter zunehmen kann. Man stelle sich vor, innerhalb eines wärmeisolierten Behälters werde ein warmer Körper mit einem kalten zusammengebracht. Wärmeenergie fließt vom warmen zum kalten Körper, und die Entropie nimmt zu. Schließlich aber erwärmt sich der kalte Körper, und der warme kühlt sich so stark ab, daß beide die gleiche Temperatur erreichen. In diesem Zustand kommt es zu keiner weiteren Wärmeübertragung. Das System im Inneren des Behälters hat eine einheitliche Temperatur erreicht – einen stabilen Zustand höchster Entropie, der als thermodynamisches Gleichgewicht bezeichnet wird. Solange das System isoliert bleibt, erwartet man keine weitere Veränderung; werden aber die Körper auf irgendeine Weise beeinflußt – beispielsweise durch die Zufuhr weiterer Wärme von außerhalb des Behälters –, kommt es zu weiterer thermischer Aktivität, und die Entropie strebt einem höheren Maximalwert entgegen.

Was sagen uns diese Grundgedanken der Thermodynamik über astronomische und kosmologische Veränderungen? Im Fall der Sonne und der meisten anderen Sterne kann die Wärmeabgabe über viele Milliarden Jahre hinweg andauern, doch unerschöpflich ist die Quelle nicht. Die Wärme eines Sterns entsteht gewöhnlich durch atomare Prozesse, die in seinem Inneren ablaufen. Eines Tages wird, wie wir sehen werden, der Sonne der Brennstoff ausgehen, und sie wird sich bis auf die Temperatur des umgebenden Weltraums abkühlen, sofern nicht andere Ereignisse dazwischentreten.

Obwohl Hermann von Helmholtz nichts von atomaren Reaktionen wußte (zu jener Zeit war es den Menschen ein Rätsel, woher die ungeheure Energie der Sonne stammte), begriff er das allgemeine Prinzip, daß jegliche physikalische Aktivität im Universum einem Endzustand des thermodynamischen Gleichgewichts oder höchster Entropie entgegenstrebt, nach dessen Erreichen wahrscheinlich bis in alle Ewigkeit nichts Nützliches geschieht. Für diese dem Gleichgewicht entgegenführende Einbahnstraße verwendeten die ersten Vertreter der thermodynamischen Lehre das Schlagwort vom ›Hitzetod‹ des Universums. Einzelne Systeme, räumte man ein, ließen sich durch äußere Einflüsse wiederbeleben, doch da sich definitionsgemäß nichts »außerhalb« des Universums befinde, könne nichts seinen allumfassenden Hitzetod verhindern. Er schien unvermeidbar.

Die Entdeckung, daß das Universum als unausweichliche Folge der Gesetze der Thermodynamik sterben muß, machte auf Generationen von Philosophen und Naturwissenschaftlern einen niederschmetternden Eindruck. Beispielsweise sah sich Bertrand Russell dazu veranlaßt, in seinem Buch *Warum ich kein Christ bin* die folgende düstere Bilanz zu ziehen:

> Die Mühsal ganzer Epochen, die ganze Leidenschaft, Inspiration und Brillanz des menschlichen Geistes, all das ist dazu verurteilt, im großen Untergang des Sonnensystems ausgelöscht zu werden, und ... der Schutt eines in Trümmer gehenden Universums wird den ganzen Tempel menschlicher Leistung unausweichlich unter sich begraben. Das ist zwar nicht unbestreitbar, doch so wahrscheinlich, daß keine Philosophie, die es verwirft, darauf hoffen kann, bestehen zu können. Nur zwischen den Pfeilern dieser Wahrheiten, nur auf dem festen Fundament unerschütterlicher Verzweiflung, läßt sich künftig die Wohnstätte der Seele mit einiger Sicherheit bauen.

Viele andere Autoren haben aus dem Zweiten Hauptsatz der Thermodynamik und dem sich zwangsläufig daraus ergebenden Tod des Universums den Schluß gezogen, daß das Universum und letzten Endes auch die Existenz des Menschen sinnlos seien. Auf diese düstere Einschätzung und die Frage, ob sie gerechtfertigt ist oder nicht, werde ich in späteren Kapiteln wieder zurückkommen.

Die Voraussage des kosmischen Hitzetodes sagt nicht nur etwas über die Zukunft des Universums aus, sondern enthält auch wichtige Hinweise auf die Vergangenheit. Es leuchtet ein, daß das Universum nicht schon immer existiert haben kann, wenn es mit endlicher Geschwindigkeit unaufhaltsam seinem Ende entgegengeht. Die Erklärung ist einfach: Wäre es unendlich alt, müßte es bereits tot sein. Etwas, das mit endlicher Geschwindigkeit seinem Ende entgegengeht, kann nicht seit aller Ewigkeit existiert haben. Mit anderen Worten, das Universum muß vor einer endlichen Zeit entstanden sein.

Bemerkenswerterweise haben die Naturwissenschaftler des neunzehnten Jahrhunderts diese weitreichende Schlußfolgerung nicht richtig erfaßt. Die Vorstellung von einem Universum, das explosionsartig mit einem Urknall entstand, entwickelte sich aufgrund von astronomischen Beobachtungen in den zwanziger Jahren unseres Jahrhunderts; doch anscheinend hat man die konkrete Entstehung zu irgendeinem Zeitpunkt in der Vergangenheit bereits vorher aus rein thermodynamischen Gründen nachdrücklich postuliert.

Da aber niemand den naheliegenden Schluß zog, verwirrte ein sonderbares kosmologisches Paradox die Astronomen des neunzehnten Jahrhunderts. Man nennt es nach dem deutschen Astronomen Heinrich Olbers, der es formuliert haben soll, das Olberssche Paradoxon. Es stellt eine einfache, aber höchst bedeutungsvolle Frage: »Warum ist der Nachthimmel dunkel?«

Auf den ersten Blick scheint sie banal. Der Nachthimmel ist dunkel, weil die Sterne ungeheuer weit von uns entfernt sind und ihr Licht uns deshalb nur äußerst abgeschwächt erreicht. Nehmen wir an, das Weltall sei unendlich – in diesem Fall könnte es darin ohne weiteres unendlich viele Sterne geben.

Eine unendliche Anzahl schwach leuchtender Sterne ergäbe außerordentlich viel Licht. Bei einer unendlichen Zahl sich nicht ändernder Sterne, die mehr oder weniger einheitlich im Weltraum verteilt sind, läßt sich deren Gesamtlicht leicht berechnen (vgl. Abbildung 2). Die Helligkeit eines Sterns nimmt mit dem Quadrat der Entfernung ab. So leuchtet ein Stern, der doppelt so weit entfernt ist wie ein anderer, nur noch ein Viertel so hell, ein dreifach so weit entfernter ein Neuntel so hell und so weiter. Auf der anderen Seite nimmt die Zahl der Sterne zu, je weiter man in den Weltraum blickt. Die Anwendung eines einfachen geometrischen Gesetzes zeigt uns beispielsweise, daß die Zahl der zweihundert Lichtjahre entfernten Sterne viermal so groß ist wie die der hundert Lichtjahre entfernten, und die Zahl der dreihundert Lichtjahre entfernten neunmal so groß. Wenn die Zahl der Sterne mit dem Quadrat der Entfernung zu-, ihre Helligkeit hingegen im gleichen Maße abnimmt, heben beide Wirkungen einander auf. Mithin hängt die Gesamtmenge des Lichts aller Sterne, die sich in einer bestimmten Entfernung befinden, nicht von ihrer Entfernung ab. Von den zweihundert Lichtjahre entfernten Sternen kommt ebensoviel Licht wie von den hundert Lichtjahre entfernten.

Die Schwierigkeit ergibt sich, wenn wir das Licht von allen Sternen in allen möglichen Entfernungen addieren. Angenommen, das Universum wäre grenzenlos, dann dürfte es für die Gesamt-Lichtmenge, die wir auf der Erde empfangen, keine Begrenzung geben. Statt dunkel müßte der Nachthimmel unendlich hell sein!

Etwas anders stellt sich die Sache dar, wenn man die endliche Größe der Sterne berücksichtigt. Je weiter sich ein Stern von der Erde befindet, desto kleiner wirkt er. Ein naher Stern verdunkelt einen ferneren Stern, wenn beide auf derselben Sichtlinie liegen. Dazu aber käme es in einem unendlichen Universum unendlich oft. Sobald wir das einkalkulieren, ändert sich das Ergebnis der vorstehenden Berechnung. Der zur Erde gelangende Lichtstrom ist nicht unendlich groß, sondern lediglich

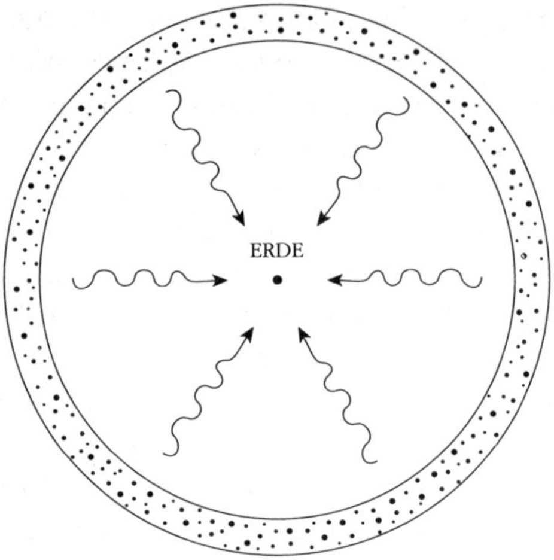

Abbildung 2: Das Olberssche Paradoxon. Man stelle sich ein gleichbleibendes Universum vor, innerhalb dessen Sterne mit ungefähr gleicher Dichte zufällig verteilt sind. Gezeigt ist eine Auswahl von Sternen auf einer dünnen, kugelförmigen Raumschale, deren Mittelpunkt die Erde bildet. (Die Sterne außerhalb der Schale wurden auf der Abbildung nicht weiter berücksichtigt.) Licht von den in dieser Schale enthaltenen Sternen trägt zum Gesamtstrom des Sternenlichts bei, das die Erde erreicht. Die Intensität des Lichts eines bestimmten Sterns nimmt mit dem Quadrat des Halbmessers der Schale ab. Da aber die Gesamtzahl der Sterne in der Schale entsprechend dem Quadrat von deren Halbmesser zunimmt, gleichen beide Erscheinungen einander aus, und so hängt die innerhalb der Schale herrschende Gesamthelligkeit *nicht* von ihrem Halbmesser ab. Folglich müßte in einem unendlich großen Universum (mit unendlich vielen Schalen) ein unendlich großer Lichtstrom zur Erde gelangen.

sehr groß – er entspricht etwa der Sonnenscheibe, die den Himmel ausfüllen würde, wenn die Erde etwa eineinhalb Millionen Kilometer von ihr entfernt wäre. Das wäre eine äußerst unbehagliche Situation, denn dabei würde die Erde unter dem Einfluß der hohen Temperatur rasch verdampfen.

Die Schlußfolgerung, daß ein unendliches Universum ein kosmischer Hochofen sein müßte, ist eigentlich nichts anderes als eine neue Darstellung der zuvor behandelten Frage der Thermodynamik. Die Sterne senden Wärme und Licht in den Weltraum, und diese Strahlung sammelt sich allmählich in dessen Leere an. Wenn die Sterne schon immer gebrannt haben, scheint es auf den ersten Blick so, als müßte die Strahlung von unendlich großer Intensität sein. Doch trifft ein Teil der Strahlung auf dem Weg durch den Weltraum auf andere Sterne und wird von ihnen aufgenommen. (Das entspricht der Beobachtung, daß nahe Sterne das Licht der entfernteren verdunkeln.) Daher nimmt die Intensität der Strahlung zu, bis ein Gleichgewicht erreicht ist, bei dem die Menge der ausgesandten Strahlung genau der Menge an aufgenommener entspricht. Dieser Zustand des thermodynamischen Gleichgewichts tritt ein, wenn die Strahlung im Weltraum die gleiche Temperatur erreicht wie jene, die an der Oberfläche der Sterne herrscht – einige tausend Grad. Mithin müßte das Universum mit einer Wärmestrahlung von mehreren tausend Grad angefüllt sein. Bei dieser Temperatur müßte der Nachthimmel aber glühen, statt dunkel zu sein.

Olbers schlug eine Lösung für sein eigenes Paradoxon vor. Er stellte die These auf, daß die im Universum befindliche Unmenge kosmischen Staubes den größten Teil des Sternenlichts absorbiere und den Himmel auf diese Weise dunkel erscheinen lasse. Leider krankte sein Einfall, so phantasievoll er war, an einem grundlegenden Denkfehler – der Staub würde sich schließlich aufheizen und müßte mit der gleichen Intensität wie die von ihm absorbierte Strahlung glühen.

Eine weitere mögliche Lösung bestünde darin, von der Annahme abzurücken, das Universum sei unendlich. Angenommen, die Zahl der Sterne wäre zwar groß, aber endlich. In diesem Fall bestünde das Universum aus einer riesigen Ansammlung von Sternen, die ein unendlich großer, dunkler, leerer Raum umgibt. Dann würde der größte Teil des Sternenlichts in den Raum jenseits von ihnen ausgestrahlt und verlorengehen. Doch auch diese einfache Lösung hat einen Haken, und zwar einen, der bereits Isaac Newton im siebzehnten Jahrhundert bekannt war. Dabei geht es um das Wesen der Gravitation. Jedes Gestirn zieht jedes andere mit einer Schwerkraft an, so daß alle Sterne in dieser Ansammlung aufeinander zustürzen und sich schließlich im Mittelpunkt der Gravitation wiederfinden müßten. Sofern das Universum einen bestimmten Mittelpunkt und einen bestimmten Rand hat, muß man annehmen, daß es in sich selbst zusammenstürzt. Ein durch nichts gestütztes endliches und statisches Universum ist instabil und der Gefahr ausgesetzt, daß es unter dem Einfluß der Gravitation zusammenbricht.

Auf dieses Problem der Gravitation werde ich an anderer Stelle wieder zurückkommen. Hier brauchen wir uns lediglich vor Augen zu führen, auf welch geniale Art und Weise Newton die Schwierigkeit zu umgehen suchte. Das Universum, so argumentierte er, kann nur dann seinem Schwerpunkt entgegenstürzen, wenn es einen solchen *hat*. Sofern es sich zugleich unendlich ausdehnt und (im Durchschnitt) einheitlich mit Sternen bestückt ist, gibt es weder eine Mitte noch einen Rand. Ein bestimmter Stern wird jeweils von seinen vielen Nachbarn angezogen, wie bei einem gewaltigen Tauziehen, bei dem sich die Fasern des Taus in alle Richtungen sträuben. Insgesamt gleichen sich die dabei auftretenden Kräfte aus, und der Stern erfährt keine Bewegung.

Wenn wir also Newtons Auflösung des Paradoxons von dem in sich zusammenstürzenden Universum akzeptieren, sehen wir uns erneut einem unendlichen Universum und damit dem Problem des Olbersschen Paradoxons gegenüber. Es sieht so aus, als müßten wir uns dem einen oder anderen stellen. Da man aber hinterher immer klüger ist, finden wir auch einen Weg aus diesem Dilemma. Nicht die Annahme, das Universum sei räumlich unendlich, ist falsch, sondern die Annahme, es sei zeitlich unendlich. Zum Paradox des leuchtenden Nachthimmels kam es, weil die Astronomen das Universum für unveränderlich und die Sterne für statisch hielten; sie waren der Ansicht, diese hätten schon seit aller Ewigkeit mit unverminderter

Helligkeit gebrannt. Wir wissen heute aber, daß keine dieser Annahmen zutrifft. Erstens ist das Universum, wie ich anschließend erläutern werde, nicht statisch, sondern es dehnt sich aus. Zweitens können die Sterne nicht seit aller Ewigkeit gebrannt haben, weil ihnen in diesem Fall längst der Brennstoff ausgegangen wäre. Aus der Tatsache, daß sie zur Zeit noch brennen, dürfen wir folgern, daß das Universum zu einem bestimmten Zeitpunkt in der Vergangenheit entstanden sein muß.

Wenn das Universum ein endliches Alter hat, löst sich das Olberssche Paradoxon sogleich auf. Um zu erkennen, warum das so ist, nehme man den Fall eines weit entfernten Sterns. Da sich das Licht mit einer endlichen Geschwindigkeit (300 000 Kilometer pro Sekunde) im Vakuum fortpflanzt, sehen wir den Stern nicht, wie er heute ist, sondern so, wie er zu der Zeit war, als ihn die Lichtwellen verließen. Beispielsweise befindet sich der helle Stern Beteigeuze etwa sechshundertfünfzig Lichtjahre entfernt. Daher sehen wir ihn heute so, wie er vor sechshundertfünfzig Jahren war. Wäre das Universum – sagen wir einmal – vor zehn Milliarden Jahren entstanden, könnten wir keinen Stern sehen, der mehr als zehn Milliarden Lichtjahre von der Erde entfernt wäre. Die räumliche Ausdehnung des Alls ist *vielleicht* unendlich, doch wenn es ein endliches Alter hat, können wir auf keinen Fall über eine bestimmte endliche Entfernung hinaussehen. Daher ist das gesamte Licht einer unendlichen Zahl von Sternen endlichen Alters endlich und möglicherweise unscheinbar klein.

Zu der gleichen Schlußfolgerung gelangt man aufgrund von Überlegungen, die sich auf die Thermodynamik stützen. Die Zeit, welche die Sterne benötigen, um den Raum mit Wärmestrahlung anzufüllen und eine gemeinsame Temperatur zu erreichen, ist ungeheuer lang, weil es im Universum so viel leeren Raum gibt. Die seit Anfang des Universums verstrichene Zeit hat einfach noch nicht ausgereicht, ein thermodynamisches Gleichgewicht eintreten zu lassen.

All das weist auf ein Universum mit begrenzter Lebensdauer

hin. Es entstand zu einer bestimmten Zeit in der Vergangenheit, ist gegenwärtig voller Aktivität, geht aber unausweichlich seinem Hitzetod entgegen, zu dem es irgendwann in der Zukunft kommen wird. Sogleich erheben sich zahlreiche Fragen: Wann wird das Ende eintreten? Wie wird es aussehen? Wird es schnell oder langsam dazu kommen? Und stellt sich womöglich auch die Schlußfolgerung vom Hitzetod, wie die Naturwissenschaft sie gegenwärtig begreift, als falsch heraus?

Die ersten drei Minuten

Ebenso wie die Historiker wissen auch die Kosmologen, daß der Schlüssel zur Zukunft in der Vergangenheit zu finden ist. Im vorigen Kapitel habe ich erklärt, auf welche Weise man aus den Gesetzen der Thermodynamik auf ein Universum begrenzter Lebensdauer schließen kann. Nahezu einhellig vertritt die Wissenschaft die Ansicht, das gesamte Universum sei zu einer Zeit, die zwischen zehn und zwanzig Milliarden Jahren zurückliegt, in einem Urknall entstanden, und dies Ereignis habe das Universum auf den Weg zu seinem endgültigen Schicksal gebracht. Wer sich mit den Umständen der Entstehung des Universums beschäftigt und untersucht, welche Prozesse in der Anfangsphase abliefen, kann sehr wichtige Hinweise auf die ferne Zukunft erlangen.

Die Vorstellung, daß das Universum nicht immer bestanden hat, ist in der westlichen Kultur tief verwurzelt. Zwar haben die griechischen Philosophen die Möglichkeit eines ewigen Universums in Betracht gezogen, doch alle großen westlichen Religionen behaupten: Zu einem bestimmten Zeitpunkt in der Vergangenheit schuf Gott das Weltall.

Die wissenschaftlichen Belege für einen schlagartigen Beginn in einem Urknall sind zwingend. Der unmittelbarste Beweis stammt aus der Untersuchung der Lichtbeschaffenheit ferner Galaxien. Dem amerikanischen Astronomen Edwin Hubble – er führte die geduldigen Beobachtungen von Vesto Slipher weiter, einem Experten auf dem Gebiet kosmischer Nebel, der am Observatorium Flagstaff in Arizona arbeitete – fiel in den zwanziger Jahren auf, daß das Licht ferner Galaxien ein wenig rötlicher wirkte als das der näher gelegenen. Mit Hilfe des 100-Zoll-Teleskops auf dem Mount Wilson maß er diese Rotverschiebung gewissenhaft und stellte die Daten in einer Kurve dar. Dabei fiel ihm eine Gesetzmäßigkeit auf: je ferner uns eine Galaxie ist, desto stärker erscheint die Rotfärbung ihres Lichts.

Die Farbe des Lichts steht in Beziehung zu seiner Wellenlänge. Im Spektrum weißen Lichts liegt Blau am kurzwelligen und Rot am langwelligen Ende. Die Rotfärbung des Lichts ferner Galaxien ist ein Hinweis darauf, daß die Lichtwellen auf irgendeine Weise gedehnt wurden. Die sorgfältige Bestimmung der Lage kennzeichnender Linien im Spektrum vieler Galaxien setzte Hubble in den Stand, die Bestätigung dafür zu finden. Als Erklärung für die Dehnung der Lichtwellen postulierte er, daß sie auf die Expansion des Universums zurückgehe. Mit dieser bedeutsamen Aussage legte er den Grundstein für die neuere Kosmologie.

Viele verwirrt die Vorstellung, das Universum könne sich ausdehnen. Von der Erde aus hat man den Eindruck, als strebten die fernen Galaxien mit hoher Geschwindigkeit von uns fort. Das aber bedeutet keinesfalls, daß sich die Erde im Mittelpunkt des Universums befindet; das Ausdehnungsmuster ist (in der Regel) im ganzen Universum das gleiche. Alle Galaxien – genauer gesagt, alle Galaxienhaufen – streben voneinander fort. Das stelle man sich am besten nicht als Bewegung der Galaxienhaufen durch den Weltraum vor, sondern als Dehnung oder Anschwellung des Raumes zwischen ihnen.

Die Fähigkeit des Weltraums, sich auszudehnen, mag überraschend wirken, doch ist diese Vorstellung der Naturwissenschaft vertraut, seit Albert Einstein 1915 seine Allgemeine Relativitätstheorie veröffentlichte. Sie besagt, daß die Gravitation

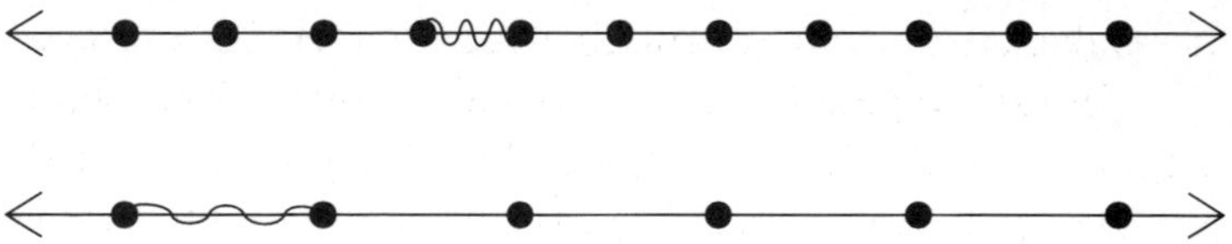

Abbildung 3: Eindimensionales Modell eines sich ausdehnenden Universums. Die Knöpfe stellen Galaxienhaufen und das Gummiband den Weltraum dar. Dehnt man es, streben die Knöpfe auseinander. Als Ergebnis der Dehnung vergrößert sich die Länge der Welle, die sich über das Gummiband fortpflanzt. Das entspricht der von Hubble entdeckten Rotverschiebung des Lichtes.

in Wirklichkeit eine Auswirkung der Krümmung oder Verzerrung des Raumes ist (genauer gesagt, der Raumzeit). Der Raum ist in gewissem Sinne elastisch und kann sich auf eine Art biegen und dehnen, die von den Gravitationseigenschaften des in ihm enthaltenen Materials abhängt. Diese Vorstellung wurde durch Beobachtung hinlänglich bestätigt.

Die Grundkonzeption des sich ausdehnenden Raumes läßt sich mit Hilfe einer einfachen Analogie verstehen. Man denke sich eine Reihe auf ein Gummiband genähter Knöpfe, die für Galaxienhaufen stehen (vgl. Abbildung 3). Jetzt stelle man sich vor, man ziehe an den Enden des Gummibandes und dehne es damit. Alle Knöpfe würden sich voneinander entfernen. Von welchem Knopf aus auch immer man die Sache betrachtet – seine Nachbarknöpfe scheinen sich von ihm zu entfernen. Doch ist die Expansion überall die gleiche; es gibt keinen bevorzugten Mittelpunkt. Zwar liegt so, wie die Zeichnung die Knöpfe darstellt, einer von ihnen in der Mitte, das aber ist für die Art, wie sich das System ausdehnt, unerheblich. Wir könnten diese Erscheinung ausschalten, wenn das Gummiband mit den Knöpfen unendlich lang wäre oder einen Kreis bildete.

Vom einzelnen Knopf aus gesehen hat es jeweils den Anschein, als wichen die unmittelbar benachbarten nur halb so rasch zurück wie der übernächste und so weiter. Je weiter ein

Knopf vom jeweiligen Standpunkt entfernt liegt, desto rascher scheint seine Bewegung. Bei dieser Art von Expansion verhält sich die Geschwindigkeit proportional zur Entfernung – eine hochbedeutsame Beziehung. Mit Hilfe dieses Bildes können wir uns jetzt Lichtwellen vorstellen, die sich zwischen den Knöpfen oder Galaxienhaufen im sich ausdehnenden Universum fortpflanzen. Mit dem Raum aber dehnen sich auch die Wellen. Das erklärt die Rotverschiebung im Kosmos. Hubble erkannte, daß ihr Ausmaß, wie in dieser einfachen bildhaften Analogie dargestellt, sich proportional zur Entfernung verhält.

Wenn sich das Universum tatsächlich ausdehnt, muß es früher kleiner gewesen sein. Ein Maß für die Ausdehnungsgeschwindigkeit liefern Hubbles und die seither gemachten und sehr verbesserten Beobachtungen. Wäre es uns möglich, den Film des Universums rückwärts ablaufen zu lassen, würden wir feststellen, daß in der fernen Vergangenheit alle Galaxien miteinander verschmolzen. Aus unserer Kenntnis der Geschwindigkeit, mit der gegenwärtig die Ausdehnung erfolgt, läßt sich herleiten, daß dieser Zustand des Miteinander-Verschmolzenseins viele Milliarden Jahre zurückliegen muß. Genauere Angaben sind aber aus zwei Gründen nur schwer möglich. Zum einen sind exakte Messungen mit Schwierigkeiten verbunden und einer ganzen Reihe von Fehlerquellen ausgesetzt. Obwohl die Zahl der erforschten Galaxien dank neuzeitlicher Teleskope stark zugenommen hat, ist der Ungenauigkeitsfaktor mit Bezug auf die Ausdehnungsgeschwindigkeit immer noch mit dem Wert zwei anzusetzen und Gegenstand lebhafter wissenschaftlicher Kontroversen. Zum anderen bleibt die Geschwindigkeit, mit der sich das Universum ausdehnt, aufgrund der zwischen den Galaxien – wie auch allen anderen Formen von Materie und Energie im Universum – wirkenden Gravitation im Laufe der Zeit nicht konstant. Da sie wie eine Bremse das Tempo vermindert, mit dem die Galaxien auseinanderstreben, nimmt die Ausdehnungsgeschwindigkeit mit der Zeit allmählich ab. Das führt zu dem Schluß, daß sich das Universum früher rascher

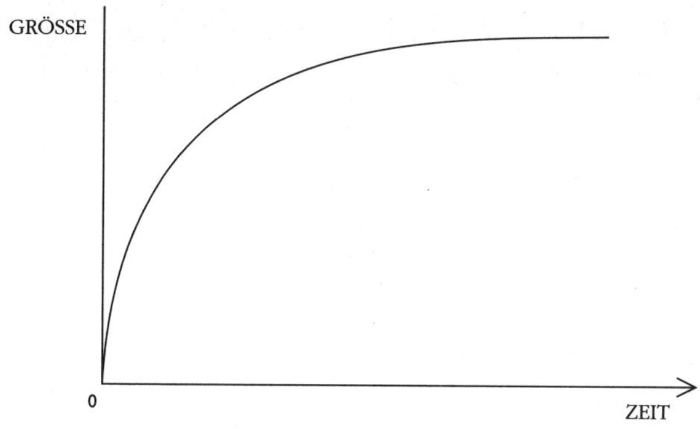

Abbildung 4: Die Geschwindigkeit, mit der sich das Universum ausdehnt, nimmt im Laufe der Zeit, etwa wie hier gezeigt, stetig ab. Bei diesem einfachen Modell hat sie an der auf der Zeitachse mit 0 bezeichneten Stelle den Wert unendlich. Dieser Punkt entspricht dem Zeitpunkt des Urknalls.

ausgedehnt haben muß als heute. Wenn wir eine typische Region des Universums im Verhältnis zur Zeit darstellen, bekommen wir eine Kurve, die im allgemeinen so aussieht wie die in Abbildung 4. Sie zeigt, daß das Universum in stark verdichtetem Zustand begann und sich rasch ausdehnte und die Dichte der Materie im Laufe der Zeit immer mehr abgenommen hat, während das Volumen des Universums zunahm. Gehen wir zum Anfang der Kurve (entsprechend dem Wert Null in der Abbildung), stellen wir fest, daß das Universum mit der Größe Null und einer unendlich großen Expansionsgeschwindigkeit begonnen hat. Anders gesagt, das Material, aus dem alle uns heute sichtbaren Galaxien bestehen, ist mit explosionsartiger Geschwindigkeit aus einem einzigen Punkt entstanden! Das ist eine idealisierte Beschreibung des sogenannten Urknalls.

Dürfen wir aber die Kurve bis zum Anfang zurück extrapolieren? Viele Kosmologen sind dieser Ansicht. Unter der Voraussetzung, daß wir (aus den im vorigen Kapitel behandelten Gründen) dem Universum einen Beginn zubilligen, sieht es ganz so aus, als wäre der Urknall dieser Beginn gewesen. Wenn sich das so verhält, kennzeichnet der Ausgangspunkt der Kurve mehr als lediglich eine Explosion. Man darf nicht vergessen, daß die hier aufgetragene Ausdehnung der des Raumes selbst entspricht. Damit bedeutet das Volumen Null nicht nur einfach, daß die Materie zu unendlicher Dichte zusammengepreßt ist, sondern daß der Raum auf nichts zusammengepreßt ist. Anders gesagt, der Urknall ist sowohl der Anfang des Raumes als auch der von Materie und Energie. Es ist äußerst wichtig zu erkennen, daß es, entsprechend diesem Bild, keinen zuvor existierenden leeren Raum gab, in dem der Urknall hätte stattfinden können.

Die gleiche Grundvorstellung gilt für die Zeit. Die unendliche Dichte der Materie und die unendliche Zusammengedrängtheit des Raumes markiert zugleich eine Zeitgrenze, denn die Gravitation dehnt nicht nur den Raum, sondern auch die Zeit. Diese Wirkung ist ebenfalls eine Konsequenz aus Einsteins Allgemeiner Relativitätstheorie und wurde direkt experimentell überprüft. Die beim Urknall herrschenden Umstände setzen eine *unendliche* Verzerrung der Zeit voraus, so daß sich die bloße Vorstellung von Zeit (und Raum) nicht vor den Urknall zurück in die Vergangenheit ausdehnen läßt. Damit scheint sich uns die Schlußfolgerung aufzudrängen, daß der Urknall der Anfang aller physikalischen Größen war, nämlich von Raum, Zeit, Materie und Energie. Offensichtlich ist die Frage sinnlos, was vor dem Urknall war oder was die Explosion bewirkt hat (auch wenn viele Menschen sie stellen). Es gab kein Davor. Wo es aber keine Zeit gibt, kann es auch keine Ursache im üblichen Sinne geben.

Wenn sich die Urknall-Theorie mit ihren befremdlichen Implikationen in bezug auf die Entstehung des Kosmos ausschließlich auf die Belege für die Expansion des Universums stützte, würden viele Kosmologen sie wahrscheinlich verwerfen. Doch seit man 1965 entdeckte, daß das Universum in eine Wärmestrahlung getaucht ist, verfügen wir über bedeutende zusätzliche Beweise, welche die Theorie stützen. Da sich diese sogenannte kosmische Hintergrundstrahlung, die mit gleicher Intensität aus allen Richtungen des Weltraums kommt, seit der Zeit kurz nach dem Urknall mehr oder weniger ungehindert fortgepflanzt hat, liefert sie eine Momentaufnahme vom Zustand des Ur-Universums! Das Spektrum dieser Wärmestrahlung stimmt genau mit der Glut in einem Schmelzofen überein, der den Zustand eines thermodynamischen Gleichgewichts erreicht hat – der Physiker kennt diese Art Strahlung als Schwarzkörperstrahlung. So kommen wir zu der Schlußfolgerung, daß sich das frühe Universum in einem Gleichgewichtszustand befunden hat, bei dem alle seine Regionen eine gemeinsame Temperatur aufwiesen.

Messungen zufolge liegt die Temperatur der Hintergrundstrahlung etwa drei Grad über dem absoluten Nullpunkt, den die Wissenschaft mit etwa −273° C ansetzt. Dieser Wert von 3 K (Kelvin) ändert sich im Laufe der Zeit unmerklich und nimmt nach einer einfachen Formel mit zunehmender Ausdehnung des Universums ab. Eine Verdoppelung des Halbmessers bewirkt eine Abnahme der Temperatur um die Hälfte. Diese Abkühlung hat dieselbe Ursache wie die Rotverschiebung des Lichtes: Wie letzteres besteht Wärmestrahlung aus elektromagnetischen Wellen, und auch die Wellenlänge der Wärmestrahlung dehnt sich mit der Expansion des Universums. Die Wellenlänge von Niedertemperatur-Strahlung ist größer (im Durchschnitt) als die von Hochtemperatur-Strahlung. Auch hier würden wir bei einem rückwärts ablaufenden Film wieder sehen, daß das Universum früher einmal sehr viel heißer gewesen sein muß als gegenwärtig. Die Strahlung selbst geht auf den Zeitraum von etwa dreihunderttausend Jahren nach dem Urknall zurück, als sich das Universum auf rund 4000° C abgekühlt hatte. Zuvor war das hauptsächlich aus Wasserstoff bestehende Ur-Gas ein ionisiertes Plasma und damit für elektromagnetische Strahlung nicht durchlässig. Mit abnehmender Temperatur wurde aus dem Plasma gewöhnliches durchsichtiges (nichtionisiertes) Wasserstoffgas, das die Strahlung ungehindert durchließ.

Das Besondere an der kosmischen Hintergrundstrahlung ist nicht nur die Übereinstimmung ihres Spektrums mit dem eines Schwarzen Körpers, sondern auch ihre erstaunliche Einheitlichkeit überall am Himmel. Die Schwankungsbreite der Strahlungstemperatur liegt in verschiedenen Richtungen des Weltraums bei lediglich einem Hunderttausendstel. Das weist darauf hin, daß das Universum weithin bemerkenswert homogen sein muß, da sich jede systematische Anhäufung von Materie in einer bestimmten Region oder Richtung des Raumes als Temperaturabweichung zeigen würde. Auf der anderen Seite wissen wir, daß das Universum nicht gänzlich homogen ist. Die Materie ist in Galaxien zusammengeballt, die gewöhnlich Haufen bilden. Die wiederum sind in Superhaufen angeordnet. Im Maßstab von mehreren Millionen Lichtjahren scheint das Universum eine Art ›Seifenschaumstruktur‹ aufzuweisen, bei der faden- und flächenförmige Galaxien große Leerräume umgeben.

Diese Gestalt des Universums, bei der seine Bestandteile weit verteilt sind, muß auf irgendeine Art und Weise aus einem viel gleichförmigeren Urzustand hervorgegangen sein. Obwohl dafür verschiedene physikalische Mechanismen verantwortlich sein könnten, scheint die einleuchtendste Erklärung die einer allmählich erfolgenden Anziehung durch die Gravitation zu sein. Sofern die Urknall-Theorie zutrifft, müßten wir in der kosmischen Hintergrundstrahlung einen Hinweis auf die frühen Zustände dieses Zusammenballungsprozesses finden. Im Jahre 1992 stellte man mit Hilfe eines Satelliten der NASA namens COBE (für ›Cosmic Background Explorer‹, also Erforscher des kosmischen Hintergrundes) fest, daß diese Strahlung nicht wirklich gleichförmig ist, sondern zwischen verschiedenen Stellen am Himmel unverkennbare Intensitätsschwankungen aufweist, die sich mit einer Kräuselung vergleichen lassen. Diese winzigen Unregelmäßigkeiten scheinen die zarten Anfänge eines Prozesses der Superhaufenbildung zu sein. Die

Strahlung hat den Hinweis auf die Ur-Zusammenballungen über die Äonen hinweg getreulich bewahrt und zeigt erkennbar, daß das Universum nicht immer in der unverwechselbaren Art organisiert war, die wir heute wahrnehmen. Die Ansammlung von Materie in Form von Galaxien und Sternen ist ein sich lang hinziehender Entwicklungprozeß, der zu einer Zeit begann, als sich das Universum noch in einem nahezu vollständig einheitlichen Zustand befand.

Es gibt eine letzte Beweiskette, welche die Theorie vom Ursprung des Universums aus einem Zustand großer Wärme und starker Verdichtung bestätigt. Anhand des uns bekannten Temperaturwertes, den die Hintergrundstrahlung gegenwärtig aufweist, läßt sich leicht berechnen, daß das Universum etwa eine Sekunde nach dem Anfang an allen Stellen eine Temperatur von etwa zehn Milliarden Grad hatte. Da bei dieser großen Hitze nicht einmal zusammengesetzte Atomkerne existiert haben können, muß die Materie zu jener Zeit in Gestalt ihrer elementarsten Bestandteile vorgelegen und eine Ursuppe aus Teilchen wie Protonen, Neutronen und Elektronen gebildet haben. Da diese Suppe sich nach und nach abkühlte, wurden dennoch nukleare Reaktionen möglich. Insbesondere die Ur-Teilchen Neutronen und Protonen konnten sich paarweise zusammenschließen, und diese Paare verbanden sich wiederum zu Kernen des Elements Helium. Berechnungen zeigen, daß diese atomare Aktivität etwa drei Minuten dauerte (darauf bezieht sich der Titel von Steven Weinbergs Buch). In ihrem Verlauf synthetisierte sich etwa ein Viertel der Masse der vorhandenen Materie zu Helium, wobei so gut wie alle verfügbaren Neutronen aufgebraucht wurden. Aus den übriggebliebenen freien Protonen wurden später Wasserstoffkerne. Daher sagt die Theorie, das Universum müsse aus etwa 75 Prozent Wasserstoff und 25 Prozent Helium bestehen. Diese Zahlen passen sehr gut zu neueren Messungen der im Kosmos von diesen Elementen vorhandenen Mengen.

Die atomaren Ur-Reaktionen haben wahrscheinlich auch sehr kleine Mengen von Deuterium, Helium-3 (^3He) und Lithium produziert. Doch entstanden die schwereren Elemente, die insgesamt weniger als ein Prozent der kosmischen Materie ausmachen, nicht beim Urknall, sondern weit später im Inneren von Sternen. Wie es dazu kam, wird im vierten Kapitel beschrieben.

Zusammengenommen sind die Expansion des Universums, die kosmische Hintergrundstrahlung und die verhältnismäßig große Fülle chemischer Elemente überzeugende Beweise für die Richtigkeit der Urknall-Theorie. Dennoch bleiben viele Fragen unbeantwortet. Warum dehnt sich beispielsweise das Universum gerade mit der Geschwindigkeit aus, die wir beobachten, und keiner sonstigen. Anders gefragt: Warum hatte der Urknall gerade das Ausmaß, in dem er stattgefunden hat, und kein anderes? Warum waren das frühe Universum so gleichförmig und die Werte für die Geschwindigkeit der Ausdehnung in allen Richtungen und allen Regionen des Weltraums so ähnlich? Worauf gehen die von COBE aufgedeckten und für die Entstehung von Galaxien und Galaxienhaufen so entscheidenden geringen Dichte-Schwankungen zurück?

In den letzten Jahren hat man gewaltige Anstrengungen unternommen, diesen schwierig zu lösenden Rätseln auf den Grund zu kommen, indem man die Urknall-Theorie in Zusammenhang mit den neuesten Ergebnissen der Hochenergie-Teilchenphysik brachte. Diese »neue Kosmologie«, darauf sei ausdrücklich hingewiesen, stützt sich auf eine weit weniger sichere wissenschaftliche Grundlage als die bisher behandelten Themen. Bei den Prozessen, die von Belang sind, geht es insbesondere um Teilchenenergien, die weit über Werte hinausgehen, die bisher unmittelbar beobachtet wurden; und der kosmische Zeitraum, in dem diese Prozesse stattfanden, ist ein winziger Bruchteil einer Sekunde nach der Entstehung des Kosmos. So extrem dürften die zu jener Zeit herrschenden Bedingungen gewesen sein, daß das einzige gegenwärtig verfügbare Leitbild auf mathematische Modelle zurückgeht, die sich nahezu ausschließlich auf theoretische Vorstellungen stützen.

Eine zentrale These der neuen Kosmologie ist die Möglichkeit eines Vorgangs, der als Inflation oder Aufblähung bezeichnet wird. Dahinter steht die Grundvorstellung, daß sich das Universum irgendwann während des ersten Bruchteils einer Sekunde schlagartig um einen riesigen Faktor vergrößert – also sich aufgebläht – hat. Um zu erkennen, was das bedeutet, wollen wir uns Abbildung 4 erneut ansehen. Aus der Tatsache, daß sich die Kurve stets abwärts neigt, läßt sich der Hinweis entnehmen, daß die Größenzunahme einer beliebigen Region im Weltraum mit abnehmender Geschwindigkeit erfolgt. Während der Aufblähung findet die Ausdehnung hingegen beschleunigt statt. Diese Situation zeigt Abbildung 5 (nicht maßstäblich). Die sich anfänglich verlangsamende Ausdehnung wird mit dem Einsetzen der Inflation schlagartig schneller, so daß die Kurve für kurze Zeit scharf nach oben weist. Wenn sie schließlich wieder in ihre normale Richtung zurückkehrt, hat unterdessen die Größe der dargestellten Region des Weltraums, verglichen mit der entsprechenden Stelle auf der Kurve in Abbildung 4, ungeheuer zugenommen (weit mehr als hier gezeigt ist).

Was kann der Grund für dies sonderbare Verhalten des Universums sein? Wir erinnern uns, daß die Abwärtsneigung der Kurve auf die Anziehung durch die Gravitation zurückgeht, die der Expansion bremsend entgegenwirkt. Daher kann man sich eine Aufwärtsbewegung als eine Art Anti-Gravitation oder Repulsivkraft vorstellen, die das Universum zu immer rascherem Wachstum veranlaßt. Obwohl sich die Vorstellung einer Anti-Gravitation phantastisch ausnimmt, schließen einige spekulative Theorien der neueren Zeit nicht aus, daß es unter den extremen Temperatur- und Dichtebedingungen, die ganz zu Anfang des Universums herrschten, zu einer solchen Wirkung gekommen sein könnte.

Bevor ich mich mit der Frage beschäftige, auf welche Weise das möglich gewesen wäre, möchte ich erläutern, warum eine Aufblähungsphase dazu beiträgt, verschiedene der vorhin aufgezählten Rätsel des Kosmos zu lösen. Erstens kann die zuneh-

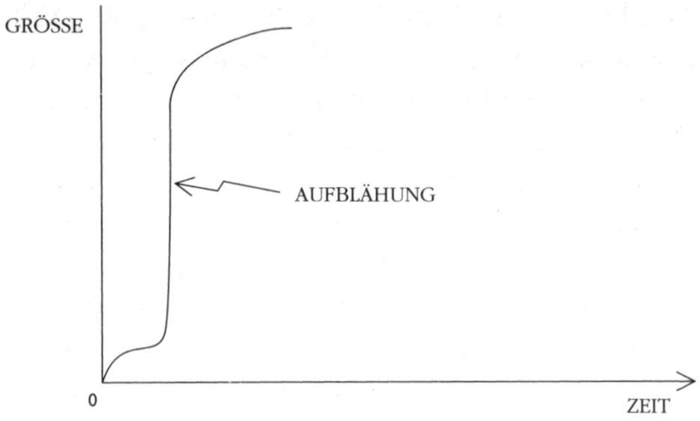

Abbildung 5: Die Vorstellung von der Inflation des Universums. Hierbei kommt es sehr bald nach seiner Entstehung im Urknall zu einer rasch eintretenden gewaltigen Aufblähung. Der Maßstab auf der vertikalen Achse ist stark verkleinert. Nach der Aufblähungsphase geht die Expansion mit abnehender Geschwindigkeit weiter, etwa so, wie in Abbildung 4 gezeigt.

mende Expansion überzeugend erklären, warum der Urknall gerade dieses Ausmaß und kein anderes hatte. Den Einfluß der Anti-Gravitation muß man sich als instabilen, schlagartig ablaufenden Prozeß vorstellen – damit soll gesagt werden, daß die Größe des Universums während ihrer Einwirkung exponentiell zugenommen hat. Nach mathematischen Kategorien bedeutet das, daß sich die Größe einer bestimmten Region des Weltraums in einer bestimmten Zeit verdoppelt. Diese Zeitspanne sei als »Augenblick« bezeichnet. Nach zwei Augenblicken hätte sich die Größe also vervierfacht; nach drei Augenblicken betrüge sie das Achtfache, und nach zehn wäre sie um mehr als das Tausendfache angewachsen. Eine Berechnung zeigt, daß die am Ende der Aufblähungsphase herrschende Geschwindigkeit dem gegenwärtig beobachteten Ausdehnungstempo entspricht. (Im sechsten Kapitel werde ich erklären, was damit gemeint ist).

Die sprunghaft erfolgende Größenzunahme durch die Aufblähung liefert überdies eine passende Erklärung für die im All herrschende Gleichmäßigkeit. Die Expansion des Weltraums glätte alle anfangs aufgetretenen Unregelmäßigkeiten, etwa so, wie die Runzeln auf einem Luftballon verschwinden, wenn man ihn aufbläst. Ähnlich überspiele die mit der gleichen Kraft in alle Richtungen wirkende Aufblähung schon bald frühe Veränderungen der Geschwindigkeit der Expansion in unterschiedlichen Richtungen. Schließlich könnte man die von COBE entdeckten geringfügigen Unregelmäßigkeiten darauf zurückführen, daß die Aufblähung (aus Gründen, die bald erklärt werden) nicht überall im selben Augenblick aufhörte, so daß einige Regionen um ein Geringeres mehr aufgebläht wurden als andere. Das wiederum führte zu geringen Unterschieden in der Dichte.

Setzen wir einfach einmal Zahlen dafür ein. In der einfachsten Fassung der Inflationstheorie erweist sich die (gegen die Gravitation wirkende) Aufblähungskraft als unvorstellbar mächtig und veranlaßt das Universum, sich nach jeweils 10^{-34} Sekunden zu verdoppeln. Diese nahezu verschwindend kurze Zeitdauer habe ich als ›Augenblick‹ bezeichnet. Nach bloßen hundert Augenblicken hätte sich eine Region von der Größe eines Atomkerns auf einen Durchmesser von nahezu einem Lichtjahr aufgebläht. Das genügt bei weitem, um die vorhin genannten kosmischen Rätsel zu lösen.

Mit Rückgriff auf die Theorien der Elementarteilchenphysik hat man verschiedene mögliche Mechanismen entdeckt, die zu dieser Aufblähung geführt haben könnten. Sie alle arbeiten mit der Vorstellung, die als Quantenvakuum bekannt ist. Um zu verstehen, worum es dabei geht, muß man etwas über die Quantenphysik wissen. Die Quantentheorie begann mit einer Entdeckung in bezug auf die Eigenart elektromagnetischer Strahlung, wie wir sie beispielsweise bei Wärme und Licht vorfinden. Obwohl sich diese Strahlung in Gestalt von Wellen im Raum fortpflanzt, kann sie sich durchaus auch so verhalten, als bestünde sie aus Teilchen. Insbesondere die Aussendung und Absorption des Lichtes geht in Form von winzigen Paketen (oder Quanten) von Energie vor sich, die man Photonen nennt. Nun stellte sich heraus, daß dies bisweilen als Wellen-Teilchen-Dualismus bezeichnete sonderbare Verhalten im Grenzbereich zwischen Welle und Teilchen im atomaren und subatomaren Bereich für alle physikalischen Phänomene gilt. Das bedeutet nichts anderes, als daß unter besimmten Umständen gewöhnlich als Teilchen angesehene Objekte – wie beispielsweise Elektronen, Protonen und Neutronen, ja sogar ganze Atome – nicht Teilchen, sondern Wellen zu sein scheinen.

Ein zentraler Lehrsatz der Quantentheorie ist die von Werner Heisenberg formulierte Unschärferelation, derzufolge Quanten keinen genau definierten Wert für ihre sämtlichen Eigenschaften besitzen. Beispielsweise kann ein Elektron nicht zur gleichen Zeit eine bestimmte Lage *und* einen bestimmten Impuls aufweisen, und ebensowenig kann es in einem bestimmten Augenblick einen bestimmten Wert für seine Energie haben. Uns geht es hier um die Unschärfe mit Bezug auf die Energiewerte. Das in der makroskopischen Welt des Ingenieurs geltende eherne Gesetz, daß Energie stets erhalten bleibt (sie läßt sich weder erzeugen noch vernichten), kann im subatomaren Reich der Quanten aufgehoben sein. Spontan und unvorhersagbar kann sich Energie von einem Augenblick auf den anderen verändern. Je kürzer der berücksichtigte Zeitraum, desto größer diese zufällig erfolgenden Quantensprünge. Tatsächlich kann ein Teilchen Energie aus dem Nichts aufnehmen, vorausgesetzt, es zahlt dies Darlehen umgehend zurück. Die von Heisenberg mathematisch genau gefaßte Unschärferelation verlangt, daß ein großes Energiedarlehen umgehend zurückzuzahlen ist, während kleinere Darlehen über einen längeren Zeitraum gewährt werden.

Die Unschärfe im Zusammenhang mit der Energie führt zu einigen merkwürdigen Auswirkungen. Eine von ihnen ist die Möglichkeit, daß ein Teilchen, beispielweise ein Photon, mit einem Mal aus dem Nichts entstehen kann, nur um gleich darauf wieder zu verschwinden. Diese Teilchen leben von geborgter Engergie – und damit von geborgter Zeit. Wir sehen sie nicht, weil sie nur flüchtig erscheinen; doch was wir für leeren Raum halten, wimmelt in Wirklichkeit von Unmengen solcher nur kurzfristig existierender Teilchen. Das sind nicht nur Photonen, sondern auch Elektronen, Protonen und alle anderen. Um diese nur vorläufig vorhandenen Teilchen von den vertrauteren ständig existierenden Teilchen zu unterscheiden, nennt man erstere »virtuell« und letztere »real« oder »wirklich«.

Davon abgesehen, daß virtuelle Teilchen nur zeitweilig auftreten, sind sie mit realen identisch. Aus einem virtuellen Teilchen kann sogar ein reales werden, wenn dem System auf irgendeine Weise von außerhalb genug Energie zugeführt wird, um das Heisenbergsche Energie-Darlehen abzuzahlen. Anschließend läßt sich ein solches Teilchen von keinem wirklichen Teilchen derselben Art unterscheiden. Gewöhnlich beträgt die Lebensdauer eines virtuellen Elektrons lediglich etwa 10^{-21} Sekunden. Während dieser kurzen Zeit bleibt es nicht im Ruhezustand, sondern kann, bevor es dahinschwindet, eine Entfernung von 10^{-11} Zentimetern zurücklegen. (Zum Vergleich sei gesagt, daß der Durchmesser eines Atoms etwa 10^{-8} Zentimeter beträgt.) Erhält dieses virtuelle Elektron während seiner kurzen Lebenszeit genug Energie (beispielsweise von einem elektromagnetischen Feld), braucht es überhaupt nicht zu verschwinden, sondern kann als völlig normales Elektron weiterexistieren.

Obwohl wir diese geisterhaften Quantenteilchen nicht sehen können, wissen wir, daß sie im leeren Raum ›wirklich vorhanden‹ sind, hinterlassen sie doch eine erkennbare Spur ihres Wirkens. So rufen virtuelle Photonen eine winzige Veränderung im Energiegehalt von Atomen hervor und bewirken auch im magnetischen Moment von Elektronen eine gleichermaßen kleine Veränderung. Diese kaum wahrnehmbaren – aber gleichwohl bedeutenden – Veränderungen hat man mit Hilfe der Spektroskopie genauestens gemessen.

Das obenstehende unkomplizierte Bild des Quantenvakuums stellt sich anders dar, wenn man mit einbezieht, daß Elementarteilchen sich im allgemeinen nicht frei bewegen, sondern einer Vielzahl von Kräften unterliegen, die jeweils von der Art des betreffenden Teilchens abhängen. Sie wirken auch zwischen den entsprechenden virtuellen Teilchen. Mithin ist es möglich, daß es mehr als eine Art von Vakuumzustand gibt. Die Existenz vieler möglicher ›Quantenzustände‹ ist ein vertrautes Merkmal der Quantenphysik – am bekanntesten sind die verschiedenen Energiestufen von Atomen. Ein Elektron auf einer Umlaufbahn um einen Atomkern kann in gewissen, genau bestimmten Zuständen mit bestimmten Energien existieren. Die als Grundzustand bezeichnete unterste Stufe ist stabil; die höheren Stufen (angeregte Zustände) sind instabil. Wird ein Elektron in einen höheren Zustand befördert, durchläuft es anschließend eine oder mehrere Umwandlungen abwärts zurück zum Grundzustand. Die angeregten Zustände ›zerfallen‹ mit einer genau festgelegten Halbwertzeit in den Grundzustand, das heißt, sie gehen in ihn über.

Ähnliche Grundsätze gelten für das Vakuum, das einen oder mehrere angeregte Zustände aufweisen kann. Ihnen würden dann, obwohl sie durchaus identisch aussähen – das heißt: leer – ganz verschiedene Energien entsprechen. Der Grundzustand, also der mit der geringsten Energie, wird bisweilen als echtes Vakuum bezeichnet. Darin spiegelt sich die Tatsache, daß es sich dabei um den stabilen Zustand und vermutlich zugleich um denjenigen handelt, der den leeren Regionen des heute beobachteten Universums entspricht. Ein angeregtes Vakuum nennt man falsches Vakuum.

Es muß darauf hingewiesen werden, daß dieses falsche Vakuum eine ausschließlich theoretische Vorstellung ist und seine Merkmale weitgehend von der dazu jeweils herangezogenen Theorie abhängen. Doch findet man diese Vorstellung selbstverständlich in allen neueren Theorien, deren Ziel es ist, die vier Grundkräfte der Natur zu vereinen: die uns aus dem Alltagsleben bekannten Kräfte Elektromagnetismus und Gravitation und die beiden ausschließlich auf subatomarer Ebene wirkenden atomaren Kräfte, die wir als schwache und starke Wechselwirkung bezeichnen.

Einst war die Liste länger, denn früher galten Elektrizität und Magnetismus als unabhängige Kräfte. Der Prozeß der Zusammenfassung begann zu Anfang des neunzehnten Jahrhunderts und ist in den letzten Jahrzehnten weiter vorangekommen. Inzwischen weiß man, daß eine Beziehung zwischen Elektromagnetismus und schwacher atomarer Wechselwirkung besteht und daß sie eine einzige »elektroschwache Kraft« bilden. Viele Physiker sind davon überzeugt, daß sich eines Tages eine Verbindung der starken Wechselwirkung mit der elektroschwachen Kraft herausstellen wird, was die sogenannten großen vereinigten Theorien auf die eine oder andere Weise beschreiben. Es ist durchaus möglich, daß alle vier Kräfte auf einer unteren Ebene zu einer einzigen Superkraft verschmelzen.

Der aussichtsreichste Kandidat für einen Aufblähungsmechanismus wird von den verschiedenen großen vereinigten Theorien vorausgesagt. Ein Schlüsselmerkmal dieser Theorien besteht darin, daß die Energie der Zustände des falschen Vakuums ungheuer ist: Dabei würde ein Kubikzentimeter Raum 10^{87} Joule enthalten! Noch das Volumen eines einzigen Atoms würde in einem solchen Zustand 10^{62} Joule enthalten. Man vergleiche das mit den mickrigen rund 10^{-18} Joule eines angeregten Atoms. Mithin würde viel Energie nötig sein, um das echte Vakuum anzuregen, und wir dürfen nicht damit rechnen, gegenwärtig im Universum auf ein falsches Vakuum zu stoßen. Dennoch sind diese Zahlen in Anbetracht der beim Urknall herrschenden extremen Bedingungen durchaus überzeugend.

Die im Zusammenhang mit Zuständen des falschen Vakuums auftretende gewaltige Energie hat eine starke Gravitationswirkung. Der Grund dafür liegt darin, daß Energie, wie Einstein gezeigt hat, Masse besitzt und daher wie gewöhnliche Masse eine Anziehung vermittels Gravitation ausübt. Die von der ungeheuren Energie des Quantenvakuums ausgeübte Anziehungskraft ist immens: Die einem Kubikzentimeter falschen Vakuums innewohnende Energie würde 10^{64} Tonnen wiegen, mehr als die etwa 10^{50} Tonnen des gesamten heute beobachtbaren Universums! Diese unvorstellbare Schwerkraft dient nun keineswegs dazu, das Auftreten der Inflation zu unterstützen, denn für diesen Prozeß wird eine Art Anti-Gravitation erforderlich. Doch gehört zur außerordentlichen Energie des falschen Vakuums ein gleichermaßen hoher Druck des falschen Vakuums, und dieser sorgt für die Aufblähung. Normalerweise stellen wir uns Druck nicht als Quelle von Gravitationskraft vor, aber er ist eine. Obwohl er eine nach außen wirkende mechanische Kraft ausübt, entsteht dabei auch eine nach innen wirkende Anziehung durch Gravitation. Im Fall uns bekannter Körper ist die vom Druck verursachte Gravitation im Vergleich mit der Wirkung der Körpermasse vernachlässigbar gering. Beispielsweise geht weniger als ein Milliardstel unseres Körpergewichts auf der Erde auf den Innendruck der Erde zurück. Dennoch ist diese Auswirkung des Druckes durchaus real, und in einem System, in dem er extreme Werte erreicht, kann sich die durch den Druck verursachte Gravitationswirkung durchaus mit der auf die Masse zurückgehenden messen.

Im Fall des falschen Vakuums liegt sowohl eine enorme Energie als auch ein vergleichbar enormer Druck vor, so daß sie miteinander im Wettstreit um die Vorherrschaft der Gravitation liegen. Entscheidend ist dabei allerdings, daß der Druck einen *negativen* Wert aufweist. Das falsche Vakuum drückt nicht, sondern zieht. Ein negativer Druck übt eine negative Gravitationswirkung aus – hier haben wir unsere Anti-Gravitation. Mithin geht es bei der durch Druck verursachten Gravitationstätigkeit des falschen Vakuums um einen Wettstreit zwischen der ungeheuren Anziehungskraft seiner Energie und der ungeheuren Abstoßungskraft seines negativen Drucks. Es erweist sich, daß der Druck gewinnt, und als Netto-Ergebnis entsteht eine Abstoßungskraft, die so groß ist, daß sie das Universum im Bruchteil einer Sekunde aufzublähen vermag. Dieser unvorstellbare Aufblähungsdruck veranlaßt das Universum dazu, alle 10^{-34} Sekunden seine Größe zu verdoppeln.

Das falsche Vakuum ist seinem Wesen nach instabil. Wie alle angeregten Quantenzustände strebt es zurück zu seinem Grundzustand – dem echten Vakuum. Wahrscheinlich zerfällt es auch nach wenigen Dutzend Augenblicken zu diesem Zustand. Weil es sich dabei um einen Quantenprozeß handelt, unterliegt er der im Zusammenhang mit Heisenbergs Unschärferelation weiter oben behandelten unvermeidbaren Unbestimmtheit und den im Zusammenhang damit auftretenden zufälligen Schwankungen. Damit erfolgt der Zerfall nicht gleichmäßig im ganzen Raum; es kommt zu Schwankungen. Manche Theoretiker sind der Ansicht, daß diese die Ursache der vom Satelliten COBE beobachteten Kräuselungen sind.

Wenn das falsche Vakuum zu seinem Ausgangszustand zurückgekehrt ist, kommt es im Universum wieder zur gewöhnlichen, sich verlangsamenden Ausdehnung. Die im falschen Vakuum gespeicherte Energie ist frei geworden, und zwar in Form von Wärme. Die durch die Aufblähung bewirkte ungeheure Ausdehnung hatte das Universum auf eine Temperatur sehr nahe dem absoluten Nullpunkt abgekühlt; mit einem Mal wird es durch das Ende der Inflation auf den ungeheuren Wert von 10^{28} Grad aufgeheizt. Dieser gewaltige Wärmevorrat existiert noch heute in stark abgeschwächter Form als kosmische Hintergrundstrahlung. Beim Freiwerden der Vakuumenergie erhalten viele virtuelle Teilchen im Quantenvakuum als Nebenprodukt etwas davon und werden zu realen Teilchen. Nach weiteren Prozessen und Veränderungen hat ein Restbestand dieser Ur-Teilchen die 10^{50} Tonnen Materie gebildet, aus denen alles besteht: wir, unsere Galaxis und das übrige beobachtbare Universum.

Wenn die Inflationstheorie stimmt – und viele führende Kosmologen sind davon überzeugt – haben Prozesse, die nach bloßen 10^{-32} Sekunden abgelaufen waren, Grundstruktur und Inhalt des Universums bestimmt. Zwar hat es in der Zeit nach der Aufblähung viele zusätzliche Veränderungen auf der subatomaren Ebene erfahren, in deren Verlauf aus der Ur-Materie Teilchen und Atome wurden, aus denen die kosmische Materie unserer Zeit besteht, doch der größte Teil der zusätzlich abgelaufenen Materieprozesse war nach etwa drei Minuten beendet.

In welcher Beziehung stehen nun die ersten drei Minuten zu den letzten? So wie das Schicksal einer abgefeuerten Kugel entscheidend von der Zielrichtung des Gewehrs abhängt, hängt das Schicksal des Universums sehr stark von seinen Anfangsbedingungen ab. Wir werden sehen, wie die Ausdehnungsweise des Universums von seinen Uranfängen an und die Beschaffenheit der beim Urknall entstandenen Materie die Zukunft des Universums bestimmen werden. Sein Anfang und sein Ende sind unauflöslich miteinander verflochten.

Sternendämmerung

In der Nacht vom 23. auf den 24. Februar 1987 arbeitete der kanadische Astronom Ian Shelton noch in dem hoch in den chilenischen Anden liegenden Observatorium Las Campanas. Ein Assistent ging kurz hinaus und warf einen Blick auf den dunklen Nachthimmel. Vertraut mit allen Einzelheiten, fiel ihm sofort etwas Ungewöhnliches auf. Am Rande des als Große Magellansche Wolke bekannten nebelähnlichen Lichtflecks stand ein Stern. Er war nicht besonders hell – er leuchtete etwa so stark wie die Sterne im Gürtel des Orion. Das Bemerkenswerte an ihm war, daß er in der Nacht zuvor noch nicht da gestanden hatte.

Der Mann machte Shelton auf den Himmelskörper aufmerksam, und binnen weniger Stunden verbreitete sich die Neuigkeit auf der ganzen Welt. Shelton und sein chilenischer Assistent hatten eine Supernova entdeckt. Es handelte sich dabei um das erste Objekt dieser Art, das sich mit bloßem Auge wahrnehmen ließ, seit Johannes Kepler 1604 über eine solche Erscheinung berichtet hatte. Alsbald richteten Astronomen in verschiedenen Ländern ihre Instrumente auf die Große Magellansche Wolke, und so untersuchte man in den folgenden Monaten das Verhalten der Supernova 1987A bis in die kleinsten Details.

Einige Stunden vor dieser sensationellen Entdeckung wurde

an einem ganz anderen Ort ein weiteres ungewöhnliches Ereignis verzeichnet – in der Tiefe des Zinkbergwerks von Kamioka in Japan. Hier führten Physiker einen Langzeitversuch mit einem ehrgeizigen Ziel durch. Sie wollten feststellen, wie es sich mit der Stabilität eines der Grundbestandteile der Materie, nämlich der Protonen, verhält. Die in den siebziger Jahren entwickelten großen vereinigten Theorien sagen voraus, daß Protonen unter Umständen leicht instabil sein können und gelegentlich in einer sonderbaren Abart von Radioaktivität zerfallen. Wenn das so wäre, müßte sich das in tiefgreifender Weise auf das Schicksal des Universums auswirken, wie wir in einem späteren Kapitel sehen werden.

Um diesem Protonenzerfall auf die Spur zu kommen, hatten die japanischen Experimentatoren einen Flüssigkeitstank mit 2000 Tonnen superreinem Wasser gefüllt und um ihn herum hochempfindliche Photonendetektoren aufgebaut. Diese sollten verräterische Blitze aufzeichnen, die den mit hoher Geschwindigkeit erzeugten Produkten einzelner Zerfallsereignisse hätten zugeschrieben werden können. Um die Auswirkungen der kosmischen Strahlung zu reduzieren, die sonst die Detektoren mit einer Fülle von Ereignissen bombardiert hätte, entschied man sich, es tief unter der Erde durchzuführen.

Am 22. Februar 1987 reagierten die Detektoren von Kamioka in elf Sekunden immerhin elfmal, während zur selben Zeit auf der anderen Seite des Planeten ein ähnlicher Detektor in einem Salzbergwerk in Ohio acht Ereignisse aufzeichnete. Da ein gleichzeitig stattfindender Massenselbstmord von neunzehn Protonen ausschied, mußte es eine andere Erklärung dafür geben. Die Physiker fanden sie bald. Ihre Einrichtungen müssen die Zerstörung von Protonen durch andere, herkömmlichere Prozesse aufgezeichnet haben: Sie ging auf eine Bombardierung durch Neutrinos zurück.

Neutrinos sind Elementarteilchen, die in meiner Darstellung eine Schlüsselrolle spielen. Daher lohnt es sich, sie etwas genauer ins Auge zu fassen. Ihre Existenz wurde erstmals im Jahre

1931 von dem aus Österreich stammenden theoretischen Physiker Wolfgang Pauli postuliert, als er einen problematischen Aspekt des als Beta-Zerfall bekannten radioaktiven Prozesses erläutern wollte. Bei einer typischen Beta-Umwandlung zerfällt ein Neutron in ein Proton und ein Elektron. Das Elektron, ein verhältnismäßig leichtes Teilchen, fliegt mit beträchtlicher Energie davon. Die Schwierigkeit besteht darin, daß Elektronen bei jedem Zerfallsereignis eine unterschiedliche Energie zu haben scheinen, die ein wenig unter der beim Zerfall des Neutrons auftretenden Gesamtenergie liegt. Nun ist in allen Fällen die Gesamtenergie gleich groß, und so schien es, als ginge ein Teil dieser Energie verloren. Das aber ist gemäß dem Satz von der Erhaltung der Energie, einem Grundgesetz der Physik, unmöglich. So äußerte Pauli die Vermutung, daß ein unsichtbares Teilchen die fehlende Energie beiseite schaffe. Erste Versuche, es zu entdecken, scheiterten, und es wurde klar, daß dies Teilchen, wenn es denn existierte, von unvorstellbarer Durchschlagkraft sein müsse. Da sich jede Art elektrisch geladener Teilchen mit Hilfe von Materie einfangen läßt, mußte Paulis Teilchen elektrisch neutral sein – daher der Name ›Neutrino‹.

Obwohl damals noch niemand ein Neutrino aufgespürt hatte, waren theoretische Physiker imstande, weitere seiner Eigenschaften zu ermitteln. Eine davon betrifft seine Masse.

Masse ist in bezug auf Teilchen, die sich rasch bewegen, ein heikler Begriff; denn die Masse eines Körpers ist keine feste Größe, sondern von seiner Geschwindigkeit abhängig. So würde beispielsweise eine Bleikugel von einem Kilogramm Gewicht zwei Kilogramm wiegen, wenn sie sich mit 260 000 Kilometern pro Sekunde bewegte. Der Schlüsselfaktor ist hier die Lichtgeschwindigkeit. Je näher ihr ein Objekt kommt, desto größer wird seine Masse, und dies Massenwachstum kennt keine Grenze. Da Masse auf diese Weise variabel ist, sprechen Physiker, um Mißverständnisse zu vermeiden, bei Elementarteilchen grundsätzlich von der Ruhemasse. Die tatsächliche

Masse von Teilchen, die sich nahe der Lichtgeschwindigkeit bewegt, kann ein Vielfaches der Ruhemasse betragen. In großen Teilchenbeschleunigern erreichen umlaufende Elektronen und Protonen möglicherweise ein Vieltausendfaches ihrer Ruhemasse.

Einen Anhaltspunkt für den Wert der Ruhemasse des Neutrinos liefert die Tatsache, daß bei einem Beta-Zerfall bisweilen ein Elektron mit nahezu der gesamten verfügbaren Energie herausgeschleudert wird, so daß für das Neutrino kaum welche übrigbleibt. Das bedeutet, daß Neutrinos fast mit der Energie Null existieren können. Nach Einsteins berühmter Formel $E = mc^2$ aber sind Energie E und Masse m gleichwertig, so daß null Energie mit null Masse gleichzusetzen ist. Das heißt, daß das Neutrino wahrscheinlich eine sehr geringe Ruhemasse, möglicherweise mit dem Wert Null, besitzt. Sofern die Ruhemasse tatsächlich Null beträgt, hat das Neutrino, das sich anscheinend ohnehin mit einer Geschwindigkeit nahe der des Lichts bewegt, Lichtgeschwindigkeit.

Ein weiteres Merkmal der Elementarteilchen beschreibt ihre Eigendrehung. Neutronen, Protonen und Elektronen drehen sich beständig. Die Stärke dieses al ›Spin‹ bezeichneten Drehimpulses ist ein bestimmter fester Wert, der für alle drei gleich ist. Für Drehimpulse gilt ein ebenso grundlegendes Gesetz der Erhaltung wie für die Energie. Beim Zerfall eines Neutrons muß sein ›Spin‹ in den Zerfallsprodukten erhalten bleiben. Angenommen, Elektron und Proton drehten sich in die gleiche Richtung, dann würden sich die Werte ihres Spins addieren und das Doppelte des Neutron-Spins ausmachen. Erfolgte ihre Bewegung aber entgegengesetzt, würden sich die Spins aufheben und den Gesamtwert Null annehmen. So oder so kann der Gesamtspin eines Elektrons und eines Protons allein nie gleich dem eines Neutrons sein. Bezieht man aber die Existenz eines Neutrinos mit ein, läßt sich ein schöner Ausgleich schaffen, indem man annimmt, es besitze den gleichen Spin wie die anderen Teilchen. In diesem Fall können sich zwei der drei

Zerfallsprodukte in der gleichen Richtung drehen, das dritte aber in der Gegenrichtung.

So konnten die Physiker, ohne je ein Neutrino entdeckt zu haben, herleiten, es handele sich dabei um ein Teilchen mit der elektrischen Ladung Null, wenig oder keiner Ruhemasse, einem Spin, das mit dem des Elektrons identisch ist, und einer so geringen Wechselwirkung mit gewöhnlicher Materie, daß sein Durchgang praktisch keine Spur hinterließ. Kurz gesagt, ist es eine Art rotierendes Phantom. Es überrascht nicht, daß es nach der von Pauli geäußerten Vermutung bezüglich der Existenz von Neutrinos nahzu zwanzig Jahre dauerte, bis man diese tatsächlich im Labor identifizieren konnte. Neutrinos entstehen in Atomreaktoren in so ungeheurer Menge, daß sich gelegentlich, trotz ihrer außerordentlichen Flüchtigkeit, einige Exemplare entdecken lassen.

Zweifellos war das gehäufte Auftreten von Neutrinos im Bergwerk von Kamioka und das Erscheinen der Supernova 1987A zur gleichen Zeit kein bloßer Zufall, und die Naturwissenschaftler nahmen die Koinzidenz der beiden Ereignisse als entscheidende Bestätigung für die Theorie über Supernovae: Schon lange hatten Astronomen das Auftreten von Neutrinos im Zusammenhang mit einer Supernova erwartet.

Auch wenn das lateinische Wort ›novus‹ ›neu‹ bedeutet, geht es bei einer Supernova nicht um die Geburt eines neuen Sterns, sondern im Gegenteil um den in einer spektakulären Explosion sich ereignenden Tod eines alten Sterns. Die Große Magellansche Wolke, in der die Supernova 1987A auftrat, ist eine etwa 170 000 Lichtjahre entfernte kleine Galaxie. Sie liegt so nahe an der Milchstraße, daß man sie als eine Art Satellit unserer Galaxis ansehen könnte. Mit dem bloßen Auge kann man sie auf der südlichen Halbkugel als zerfaserten Lichtfleck erkennen, doch sind starke Teleskope nötig, wenn man die einzelnen Sterne unterscheiden will, aus denen sie besteht. Schon Stunden nach Sheltons Entdeckung wußten australische Astronomen, welcher von den Milliarden Sternen der Großen Magellanschen

Wolke da erloschen war. Um das festzustellen, verglichen sie frühere fotografische Platten jener Region mit dem Bild, das der Himmel bot. Der betreffende Stern, ein blauer Superriese von der Klasse B3, wies etwa den vierzigfachen Durchmesser der Sonne auf. Er hatte sogar einen Namen: Sanduleak -69 202.

Die Theorie, daß Sterne explodieren können, wurde erstmals um die Mitte der fünziger Jahre unseres Jahrhunderts von den Astrophysikern Fred Hoyle und William Fowler sowie von Geoffrey und Margaret Burbidge überprüft. Um zu verstehen, auf welche Weise es zu einer solchen Katastrophe kommt, muß man etwas über die Abläufe im Inneren eines Gestirns wissen. Das uns bekannteste ist die Sonne. Wie die meisten anderen Sterne scheint sie sich nie zu ändern, was aber nicht den Tatsachen entspricht. In Wirklichkeit befindet sie sich in einem unaufhörlichen Kampf gegen die Kräfte der Zerstörung. Alle Sterne sind von der Gravitation zusammengehaltene Gaskugeln. Wenn ausschließlich diese Kraft auf sie einwirkte, würden sie unverzüglich unter ihrem ungeheuren Eigengewicht implodieren und binnen Stunden dahinschwinden. Der Grund, warum das nicht geschieht, ist der, daß die innere Kraft der Gravitation durch die äußere des Drucks, den das im Inneren des Sterns verdichtete Gas ausübt, ausgeglichen wird.

Zwischen dem Druck eines Gases und seiner Temperatur besteht eine einfache Beziehung. Wird ein bestimmtes Volumen von Gas erwärmt, nimmt der Druck normalerweise entsprechend der Temperatur zu. Umgekehrt fällt er mit sinkender Temperatur ab. Im Inneren eines Sterns herrscht ein gewaltiger Druck, weil er viele Millionen Grad heiß ist. Ursprung dieser Wärme sind atomare Reaktionen. Die Hauptreaktion, die einen Stern mit Energie versorgt, ist die meiste Zeit seines Lebens die Umwandlung von Wasserstoff in Helium durch Kernverschmelzug. Für die erforderliche Überwindung der elektrischen Abstoßung zwischen den Atomkernen erfordert diese Reaktion außergewöhnlich hohe Temperaturen. Zwar vermag die bei der Verschmelzung freiwerdende Energie einen Stern über

Milliarden Jahre am Leben zu halten, doch früher oder später geht der Brennstoff zur Neige, und die Leistung des Reaktors läßt nach. Nunmehr ist die Aufrechterhaltung des Drucks gefährdet, und der Stern beginnt seinen schon lange währenden Kampf gegen die Gravitation zu verlieren. Ein Stern lebt im wesentlichen von geborgter Zeit: Er wehrt den ihm von der Gravitation drohenden Zusammenbruch durch Verbrauch seiner Brennstoffreserven ab. Doch jedes Kilowatt, das er von seiner Oberfläche in die Tiefen des Weltraums abstrahlt, beschleunigt seinen Tod.

Man nimmt an, daß die Sonne etwa zehn Milliarden Jahre lang mit dem Wasserstoff auskommen kann, der ihr anfangs zur Verfügung stand. Heute hat der Stern in der Mitte unseres Sonnensystems mit seinem Alter von nahezu fünf Milliarden Jahren etwa die Hälfte seiner Reserven verbrannt. (Es gibt also noch keinen Grund zur Beunruhigung.) Wie rasch ein Stern seinen atomaren Brennstoff verbraucht, hängt entscheidend von seiner Masse ab. Bei schwereren Sternen, die aufgrund ihrer größeren Masse und Helligkeit mehr Energie abstrahlen, verläuft dieser Prozeß zwangsläufig weit schneller als bei leichteren. Durch das zusätzliche Gewicht werden die Verdichtung des Gases und die Temperatur gesteigert. Das wiederum erhöht die Rate der einzelnen Kernverschmelzungen. Beispielsweise verbraucht ein Stern von zehnfacher Sonnenmasse den größten Teil seines Wasserstoffs in lediglich zehn Millionen Jahren.

Wir wollen das Schicksal eines solchen großen Sterns verfolgen. Die meisten Sterne bestehen am Anfang ihrer Existenz hauptsächlich aus Wasserstoff. Dieser wird durch die Verschmelzung von Wasserstoffkernen – der Wasserstoffkern ist ein einzelnes Proton – »verbrannt«, um Kerne des Elements Helium zu bilden, die jeweils aus zwei Protonen und zwei Neutronen bestehen. (Auf die komplizierten Einzelheiten dieses Prozesses braucht hier nicht näher eingegangen zu werden.) Zwar ist die Verschmelzung von Wasserstoffkernen die ergiebigste, nicht aber die einzige Quelle nuklearer Energie.

Sofern die Temperatur des Sterneninneren hoch genug ist, können Heliumkerne miteinander verschmelzen, wobei Kohlenstoff entsteht. Weitere Verschmelzungsreaktionen führen zur Entstehung von Sauerstoff, Neon und anderen Elementen. Ein Stern mit großer Masse ist imstande, die für diese Kette nacheinander ablaufender nuklearer Reaktionen erforderliche hohe innere Temperatur – mehr als eine Milliarde Grad – zu erzeugen, doch nimmt der Ertrag beständig ab. Mit jedem neu entstandenen Element vermindert sich die Menge der freiwerdenden Energie. Der Brennstoff wird immer schneller verbrannt, bis sich die Zusammensetzung des Sterns von einem Monat zum nächsten, dann von Tag zu Tag und schließlich von Stunde zu Stunde ändert. Sein Inneres ähnelt einer Zwiebel, deren ›Häute‹ den Schichten aus chemischen Elementen entsprechen, die mit immer größerer Geschwindigkeit nacheinander entstehen. Nach außen hin bläht er sich gewaltig auf, wird größer als unser ganzes Sonnensystem und entwickelt sich zu dem, was die Astronomen einen roten Superriesen nennen.

Am Ende der Kette nuklearer Verbrennungsprozesse steht das Element Eisen mit einer besonders stabilen Kernzusammensetzung. Da bei der Erzeugung von Elementen, die schwerer sind als Eisen, keine Energie frei wird (diese Kernverschmelzung erfordert im Gegenteil einen zusätzlichen Energieaufwand), ist ein Stern zum Untergang verurteilt, sobald sein Inneres nur noch aus Eisen besteht. Kann ein Stern aus sich selbst heraus keine Wärmeenergie mehr erzeugen, neigt sich die Waage zugunsten der Gravitation. Er schwankt am Rande katastrophaler Instabilität und fällt schließlich in seine eigene Gravitations-Grube.

Was dabei mit großer Geschwindigkeit abläuft, ist das Folgende: Der Eisenkern des Sterns, der nicht mehr imstande ist, durch atomare Verbrennung Wärme zu erzeugen, vermag sein eigenes Gewicht nicht mehr zu halten und zieht sich unter dem Einfluß der Gravitation so sehr zusammen, daß die Atome zertrümmert werden. Sein Inneres erreicht schließlich die

Dichte von Atomkernen, so daß annähernd eine Billion Tonnen Materie bequem in einen Fingerhut passen würde. In diesem Stadium hat der Kern des todgeweihten Sterns gewöhnlich einen Durchmesser von zweihundert Kilometern und wird durch die Festigkeit der Kernmaterie in heftige Bewegung versetzt. So stark ist die von der Gravitation ausgeübte Anziehung, daß diese gewaltige Erschütterung nur wenige Millisekunden dauert. Während sich das Drama im Inneren des Sterns entwikkelt, brechen die umgebenden Schichten des Sterns mit einer plötzlichen konvulsivischen Bewegung über seinem Kern zusammen. Mit einer Geschwindigkeit von Tausenden von Kilometern pro Sekunde treffen die Billionen und Aberbillionen von Tonnen implodierenden Materials auf das äußerst dichte zurückfedernde Innere, das härter ist, als es eine Mauer aus Diamant wäre. Durch diesen gigantischen Zusammenprall geht eine gewaltige Druckwelle durch den Stern nach außen.

Sie begleitet ein ungeheurer Strom von Neutrinos, die mit einem Schlag während der letzten nuklearen Umwandlungen aus dem inneren Bereich des Sterns freigesetzt werden – bei diesem Umwandlungsprozeß werden die Elektronen und Protonen der Atome des Sterns so zusammengedrängt, daß aus ihnen Neutronen entstehen. Das Innere des Sterns wird praktisch zu einem riesigen Neutronenball. Mit vereinten Kräften transportieren die Druckwelle und die Neutrinos eine ungeheure Energiemenge durch die äußeren Schichten des Sterns nach draußen. Diese äußeren Schichten absorbieren einen großen Teil der Energie und explodieren in einem nuklearen Inferno von unvorstellbarer Gewalt. Einige Tage lang leuchtet der Stern mit der Helligkeit von zehn Milliarden Sonnen, nur um ein paar Wochen später zu verblassen.

In einer Galaxie wie unserer Milchstraße treten im Durchschnitt pro Jahrhundert zwei oder drei solcher Supernovae auf, und schon früh haben staunende Astronomen Aufzeichnungen darüber gemacht. Über eine der berühmtesten Supernovae im Jahre 1054 n. Chr. im Sternbild Krebs haben chinesische und arabische Beobachter berichtet. Heute sehen wir die Reste des in alle Winde verstreuten Sterns als sich ausdehnende zerfetzte Gaswolke, die den Namen Crabnebel trägt.

Die Explosion der Supernova 1987A erhellte das Universum mit einem unsichtbaren Neutrinoblitz. Dabei handelte es sich um einen Stoß von atemberaubender Intensität. Jeder Quadratzentimeter der Erde – obwohl 170 000 Lichtjahre vom Explosionsort entfernt – wurde von hundert Milliarden Neutrinos durchdrungen. Zum Glück wußten die Menschen nicht, daß einen Augenblick lang viele Billionen Teilchen aus einer anderen Galaxie durch sie hindurchgegangen waren. Neunzehn davon fingen die Protonenzerfalldetektoren in Kamioka und Ohio ein. Ohne diese Anlage wären die Neutrinos ebenso unbemerkt geblieben wie im Jahre 1054.

Obwohl eine Supernova den Tod für den betroffenen Stern bedeutet, hat die Explosion durchaus etwas Schöpferisches. Die dabei freiwerdende ungeheure Energie heizt die äußeren Schichten des Sterns so stark auf, daß für eine kurze Weile weitere Kernverschmelzungsreaktionen möglich sind – solche, die Energie verbrauchen statt freizusetzen. In einem solchen auf Hochtouren laufenden stellaren Schmelzofen, der mit dem unausweichlichen Ende des Gestirns einhergeht, werden Elemente geschmiedet, die schwerer sind als Eisen – beispielsweise Gold, Blei und Uran. Sie werden zusammen mit den in den frühen Stadien der Kernsynthese entstandenen leichteren Elementen wie Kohlenstoff und Sauerstoff in den Weltraum entlassen, wo sie sich mit den Resten zahlloser weiterer Supernovae vermischen. Über die folgenden Äonen hinweg sammeln sich diese schweren Elemente zu neuen Generationen von Sternen und Planeten. Ohne die Herstellung und Verbreitung dieser Elemente könnte es keine Planeten wie die Erde geben. Der Leben erzeugende Kohlenstoff und Sauerstoff, das Gold in den Tresorräumen unserer Banken, das Blei in unseren Kirchenfenstern, die Uranstäbe in unseren Kernreaktoren – all das verdankt seine Anwesenheit auf der Erde dem Todeskampf von

Sternen, die vergingen, lange bevor unsere Sonne ins Leben trat. Der Gedanke daß der eigentliche Stoff unseres Körpers aus der atomaren Asche längst erloschener Sterne besteht, verschlägt einem die Sprache.

Die Explosion einer Supernova zerstört den Stern nicht vollständig. Obwohl bei diesem letzten Ausbruch der größte Teil des Materials hinausgeschleudert wird, bleibt das implodierte Innere, das die Ereignisse auslöst, an Ort und Stelle – allerdings nicht besonders lange. Wenn die Masse des Sterneninneren recht gering ist – beispielsweise einer Sonnenmasse entspricht –, bildet sie eine Neutronenkugel von der Größe einer Kleinstadt. Dieser ›Neutronenstern‹ rotiert dann höchstwahrscheinlich mit wahnsinniger Geschwindigkeit – unter Umständen mit mehr als tausend Umdrehungen pro Sekunde, womit seine Oberfläche ein Zehntel der Lichtgeschwindigkeit erreicht. Diese atemberaubende Umdrehungsgeschwindigkeit geht darauf zurück, daß die Implosion die vergleichsweise langsame Rotation des einstigen Sterns ungeheuer beschleunigt. Das hängt mit demselben physikalischen Grundsatz zusammen, der es Eiskunstläufern ermöglicht, bei Pirouetten die Umdrehungsgeschwindigkeit zu steigern, indem sie die Arme an den Körper legen. Astronomen haben viele solcher schnell rotierender Neutronensterne entdeckt. Die Geschwindigkeit der Umdrehung vermindert sich allerdings in dem Maße, in dem der betreffende Stern an Energie verliert. So hat sich der Neutronenstern in der Mitte des Crabnebels inzwischen beispielsweise auf 33 Umdrehungen pro Sekunde verlangsamt.

Wenn die Masse des Inneren etwas größer ist – nehmen wir an, sie beträgt mehrere Sonnenmassen – können die Überreste des Sterns nicht als Neutronenstern weiterexistieren. Die Anziehung durch die Gravitation ist so stark, daß nicht einmal ausschließlich aus Neutronen bestehendes Material – die Substanz mit der höchsten bekannten Festigkeit – einer weiteren Verdichtung Widerstand entgegenzusetzen vermag. Jetzt ist die Bühne frei für ein noch eindrucksvolleres und katastrophaleres

Schauspiel, als es die Supernova war. Das Innere des Sterns stürzt weiter in sich zusammen und erzeugt in weniger als einer tausendstel Sekunde ein Schwarzes Loch, in dem es verschwindet.

Ein Stern von großer Masse ist also dazu bestimmt, sich selbst zu zerstören und als Überbleibsel entweder einen Neutronenstern oder ein von ausgestoßenen diffusen Gasen umgebenes Schwarzes Loch zu hinterlassen. Niemand weiß, wie viele Sterne bereits auf diese Weise ihrem Schicksal erlegen sind, doch schon allein die Milchstraße kann ohne weiteres Milliarden solcher Sternleichen enthalten.

Als Kind hatte ich eine krankhafte Angst davor, die Sonne könnte explodieren. Doch besteht keinerlei Gefahr, daß sie zu einer Supernova wird, weil sie dafür zu klein ist. Das Schicksal von Sternen mit geringer Masse verläuft im allgemeinen weit weniger ungestüm als das ihrer Vettern mit großer Masse. Erstens laufen in ihnen die atomaren Prozesse, bei denen Brennstoff verbraucht wird, viel gemächlicher ab; ein Zwerggestirn am unteren Ende der stellaren Massenskala kann kontinuierlich eine Billion Jahre lang leuchten. Zweitens vermag ein Stern mit geringer Masse in seinem Inneren keine hinreichend hohen Temperaturen zu erzeugen, um Eisen zu synthetisieren, und ist folglich nicht imstande, eine Implosion mit katastrophalen Folgen auszulösen.

Die Sonne ist ein typischer Vertreter von Sternen mit relativ geringer Masse, die ihren Wasserstoff mit stetiger Geschwindigkeit verbrennen und ihr Inneres in Helium umwandeln. Dieses befindet sich zum größten Teil in einem Kern, der im Hinblick auf atomare Reaktionen träge ist; die Verschmelzung findet an seiner Oberfläche statt. Daher ist der Kern selbst nicht imstande, etwas zur entscheidenden Wärmeerzeugung beizutragen, die erforderlich ist, um die Sonne gegen die erdrückende Übermacht der Gravitation zu erhalten. Um einen Zusammenbruch zu verhindern, muß die Sonne auf der Suche nach neuem Wasserstoff ihre atomare Aktivität nach außen ausdehnen.

Unterdessen wird der Heliumkern allmählich immer kleiner. Als Ergebnis dieser inneren Veränderung wird sich das Aussehen der Sonne im Laufe der Äonen unmerklich verändern. Ihre Größe nimmt zu, aber ihre Oberfläche kühlt ein wenig ab, so daß sie allmählich rötlich erscheint. Diese Entwicklung wird weitergehen, bis sich die Sonne in einen roten Riesenstern verwandelt hat, etwa fünfhundertmal so groß, wie sie heute ist. Rote Riesen sind dem Astronomen vertraut, und mehrere wohlbekannte helle Sterne am Nachthimmel, wie Aldebaran, Beteigeuze und Arkturus, fallen in diese Kategorie. Für einen Stern mit geringer Masse kennzeichnet der Zustand des roten Riesen den Anfang vom Ende.

Obwohl ein roter Riese relativ kühl ist, hat er wegen seiner Größe eine ungeheure strahlende Oberfläche, und das bedeutet eine größere Gesamthelligkeit. Die Planeten der Sonne werden sich, wenn sie in etwa vier Milliarden Jahren der zunehmende Wämestrom trifft, schweren Zeiten gegenübersehen. Die Erde wird lange vorher unbewohnbar sein, wenn ihre Ozeane verdampft sind und sie ihrer Atmosphäre beraubt ist. Die Sonne bläht sich immer mehr auf, und in ihrem feurigen Umhang verschwinden Merkur, Venus und schließlich die Erde. Unser Planet wird zu einem Stück Schlacke geschrumpft sein, das noch nach der Verbrennung beharrlich an seiner Umlaufbahn festhält. Die Dichte der rotglühenden Gase der Sonne wird so gering sein, daß die Verhältnisse denen eines Vakuums nahekommen und die Bewegung der Erde nur geringfügig beeinflussen.

Unsere bloße Existenz im Universum ist eine Folge der außergewöhnlichen Stabilität von Sternen von der Art der Sonne, die über Milliarden Jahre mit geringen Veränderungen gleichmäßig ihren Brennstoff verbrauchen, lange genug, um die Entstehung und das Aufblühen von Leben zu ermöglichen. Doch wird es mit dieser Stabilität vorbei sein, sobald die Sonne ins Stadium eines roten Riesen eingetreten ist. Die darauffolgenden Stadien im Leben eines Sterns von der Art der Sonne sind kompliziert, unvorhersagbar und gewalttätig, mit relativ plötzlichen Änderungen des Verhaltens und Erscheinungsbildes. Alternde Sterne können über Millionen Jahre pulsieren oder sich ›häuten‹ und dabei Gasschalen abstoßen. Das Helium im Inneren eines Sterns kann verbrennen, so daß Kohlenstoff, Stickstoff und Sauerstoff entstehen. Das stellt die unerläßliche Energie zur Verfügung, die den Stern noch eine Weile am Leben erhält. Es kommt vor, daß ein Stern, der seine äußere Umhüllung in den Weltraum abwirft, anschließend nur noch aus seinem Kohlenstoff-Sauerstoff-Kern besteht.

Nach dieser Periode komplizierter Aktivität erliegen Sterne mit geringer und mittlerer Masse unausweichlich der Gravitation und schrumpfen. Dieser Prozeß läuft unerbittlich ab und dauert an, bis der Stern auf die Größe eines kleinen Planeten zusammengepreßt ist. Damit wird er zu einer Erscheinung, die Astronomen als weißen Zwerg bezeichnen. Da weiße Zwerge so klein sind, leuchten sie äußerst schwach, obwohl ihre Oberflächentemperatur weit höhere Werte als die der Sonne erreichen kann. Keiner von ihnen ist von der Erde aus ohne Teleskop zu sehen.

Unserer Sonne ist es vorherbestimmt, in ferner Zukunft ein weißer Zwerg zu werden. Wenn sie diese Station auf ihrem Weg erreicht hat, wird sie noch viele Milliarden Jahre hindurch heiß bleiben; ihre ungeheure Masse wird so sehr verdichtet sein, daß sie die Hitze in ihrem Inneren weit wirksamer bewahren kann als das beste bekannte Isoliermaterial. Doch weil der Atomofen in ihrem Inneren endgültig stillgelegt wurde, wird es keine Brennstoffreserven mehr geben, die das allmähliche Hinausdringen von Wärmestrahlung in die kalten Tiefen des Weltraums ausgleichen könnten. Ganz langsam wird sich das winzige Überbleibsel der einstigen mächtigen Sonne abkühlen und dunkler werden, bis es seine letzte Verwandlung erlebt und sich allmählich zu einem Kristall von außergewöhnlicher Härte verfestigt. Schließlich wird dieser Himmelskörper vollständig erlöschen und mit der Schwärze des Weltraums verschmelzen.

Endlose Nacht senkt sich herab

Die Milchstraße schimmert mit dem Licht von hundert Milliarden Sternen, von denen jeder einzelne dem Untergang geweiht ist. In zehn Milliarden Jahren wird der größte Teil von dem, was wir heute sehen, nicht mehr sichtbar sein, aus Brennstoffmangel erloschen, dem Zweiten Hauptsatz der Thermodynamik zum Opfer gefallen.

Gleichwohl wird weiterhin Sternenlicht die Milchstraße erfüllen, denn während Sterne sterben, werden neue geboren und treten an ihre Stelle. In den Spiralarmen einer Galaxie wie jener, der unsere Sonne angehört, werden Gaswolken verdichtet, stürzen unter dem Einfluß der Gravitation in sich zusammen, zerteilen sich und bringen eine Vielzahl von Sternen hervor. Ein Blick auf das Sternbild Orion zeigt, wie es in einer solchen Sternen-Kinderstube zugeht. Der verschwommene Lichtfleck in der Mitte des ›Schwertes‹ ist kein Stern, sondern ein Nebel – eine gewaltige Gaswolke voll heller junger Sterne. In diesem Nebel haben in jüngster Zeit Astronomen, die statt des sichtbaren Lichts die Infrarotstrahlung beobachten, Sterne in den ersten Stadien ihrer Entwicklung gesehen. Noch sind diese Gestirne von Gas und Staub umgeben, die ihr Licht verdunkeln.

Solange es in den Spiralarmen unserer Galaxis genug Gas

gibt, wird die Entstehung von Sternen sich dort fortsetzen. Der Gasgehalt der Milchstraße geht zum einen Teil auf die Urzeit des Universums zurück – Material, das sich noch nie zu Sternen verdichtet hat; zum anderen Teil stammt er aus Sternenwinden, kleinen explosiven Ausbrüchen und anderen Prozessen, oder Sterne haben das Gas bei der Entstehung von Supernovae hinausgeschleudert. Es ist klar, daß die Wiederverwertung von Materie nicht endlos weitergehen kann. Alte Sterne, die sterben und sich bei ihrem Zusammenbruch in weiße Zwerge, Neutronensterne oder Schwarze Löcher verwandeln, können den Vorrat an interstellarem Gas nicht weiter auffüllen. Im Laufe der Zeit wird irgendwann alle Urmaterie in Sternen aufgenommen und schließlich vollständig verbraucht sein. Wenn diese späteren Sterne ihren Lebenszyklus beenden und erlöschen, wird die Galaxis zwangsläufig immer dunkler. Dieser Prozeß wird sich über einen langen Zeitraum erstrekken, und es wird viele Milliarden Jahre dauern, bis die kleinsten und jüngsten Sterne ihren atomaren Brennstoff verbraucht haben und zu weißen Zwergen einschrumpfen. Doch mit quälender Unausweichlichkeit wird die ewige Nacht sicher allmählich hereinbrechen.

Ein ähnliches Geschick erwartet alle anderen Galaxien, die in den sich immer mehr ausdehnenden Weiten des Raumes verteilt sind. Irgendwann wird das gegenwärtig noch mit der üppigen Energie der atomaren Kraft leuchtende Universum diese wertvolle Brennstoffquelle verbraucht haben – dann wird die Zeit des Lichts auf immer dahin sein.

Doch bedeutet das Erlöschen der kosmischen Lichter noch nicht das Ende des Universums, denn es gibt eine Energiequelle, die noch mächtiger ist als Kernreaktionen. Die Gravitation, auf atomarer Ebene von allen Kräften der Natur die schwächste, wird im astronomischen Maßstab allbeherrschend. So harmlos ihre Auswirkungen im Vergleich mit anderen scheinen mögen, so beharrlich ist diese Kraft. Milliarden Jahre kämpfen Sterne gegen ihr eigenes Gewicht, indem sie atomares Material verbrennen. Doch unerbittlich wartet die Gravitation darauf, sie mit Beschlag zu belegen.

Die in einem Atomkern zwischen zwei Protonen herrschende Gravitation beträgt lediglich ein zehn Billionstel Billionstel Billionstel (10^{-37}) der starken Wechselwirkung, doch wirkt sie kumulierend, da jedes zusätzliche Proton in einem Stern zum Gesamtgewicht beiträgt. Schließlich wird sie überwältigend: und diese überwältigende Gravitation ist der Schlüssel zur Freisetzung ungeheurer Kräfte.

Nichts liefert einen deutlicheren Hinweis auf die Gewalt der Gravitation als ein Schwarzes Loch. Hier hat die Schwerkraft endgültig triumphiert, indem sie einen Stern zu einem Nichts zerdrückt und in der umgebenden Raumzeit eine Spur in Gestalt einer unendlichen Zeitverwerfung hinterlassen hat. Im Zusammenhang mit Schwarzen Löchern gibt es ein faszinierendes Gedankenexperiment. Man stelle sich vor, man werfe einen kleinen Körper – beispielsweise ein Hundertgrammgewicht – aus großer Entfernung in ein Schwarzes Loch. Es wird hineinfallen, unsichtbar werden und unauffindbar bleiben. Doch hinterläßt es eine Spur seiner früheren Existenz in der Struktur des Loches, das, nachdem es das Gewicht geschluckt hat, ein wenig größer wird. Eine Berechnung zeigt, daß das Loch, sofern man den Gegenstand aus großer Entfernung hineinwirft, eine Masse entsprechend der Menge der ursprünglichen Masse des Gewichts hinzugewinnt. Keine Energie oder Masse geht je verloren.

Jetzt stellen wir uns eine andere Versuchsanordnung vor, die darin besteht, das Gewicht langsam ins Loch hinabzulassen. Man könnte das tun, indem man es an einen Faden bindet, diesen über eine Rolle auf eine Trommel führt und ihn sich allmählich abwickeln läßt (vgl. Abbildung 5.1).
(Um die Dinge nicht unnötig zu komplizieren, tun wir einfach so, als hätte der Faden weder ein Eigengewicht noch dehne er sich.) Während das Gewicht hinabgelassen wird, kann es Energie liefern – beispielsweise, indem es einen mit der Trommel

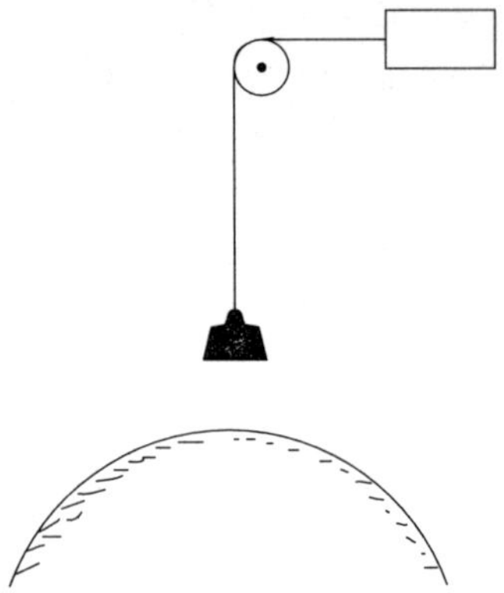

Abbildung 6: Bei diesem idealisierten Gedankenexperiment wird ein Gewicht mit Hilfe einer festen Rolle (im Bild nicht gezeigt) an einer Schnur langsam zur Oberfläche eines Schwarzen Lochs hinabgelassen. Dabei leistet das sinkende Gewicht Arbeit und liefert Energie an den Kasten. Der Wert der zur Verfügung gestellten Energie nähert sich der gesamten Ruheenergie des Gewichts an, während dieses sich auf die Oberfläche des Schwarzen Lochs hinabsenkt.

verbundenen Stromerzeuger antreibt. Je mehr das Gewicht sich der Oberfläche des Schwarzen Lochs nähert, desto stärker zerrt die Gravitation an ihm. Während die nach unten ziehende Kraft zunimmt, wirkt sich das Gewicht immer mehr auf den Generator aus. Eine einfache Berechnung zeigt, wieviel Energie das Gewicht bis zum Erreichen der Oberfläche des Schwarzen Lochs an den Generator abgegeben hat. Dieser Wert entspricht im Idealfall ihrer gesamten Ruhemasse. (Die Erklärung zum Begriff ›Ruhemasse‹ findet sich auf S. 57 f.)

Man erinnere sich an Einsteins berühmte Formel $E = mc^2$, derzufolge eine Masse m eine Energie vom Wert mc^2 besitzt. Sie läßt sich im Prinzip mit Hilfe eines Schwarzen Lochs vollständig zurückgewinnen. Im Fall eines Hundertgrammgewichts bedeutet ›vollständig‹ rund eine Milliarde Kilowattstunden elektrischer Leistung. Zum Vergleich: Wenn die Sonne durch Kernverschmelzung hundert Gramm ihrer Materie verbrennt, liefert sie dabei weniger als ein Prozent dieses Betrags. Grundsätzlich könnte also die Freisetzung von Gravitationsenergie über hundertmal ergiebiger sein als die thermonukleare Verschmelzung, aus der Sterne ihre Energie beziehen.

Selbstverständlich sind die beiden hier angenommenen Situationen ganz und gar unrealistisch. Wohl fallen ständig Objekte in Schwarze Löcher, doch laufen sie dabei nie in der für die Energiegewinnung günstigsten Weise über eine Rolle. So wird in der Praxis eine Energie abgegeben, deren Wert irgendwo zwischen null und hundert Prozent des für die Ruhemasse zutreffenden liegt und jeweils von den physikalischen Umständen abhängt. In den letzten Jahrzehnten haben Astrophysiker eine große Zahl von Computersimulationen und anderen mathematischen Modellen untersucht, um das Verhalten von Gas zu verstehen, das in ein Schwarzes Loch gesogen wird, und Menge und Erscheinungsform der dabei freigesetzten Energie abzuschätzen. Die dabei ablaufenden physikalischen Prozesse sind äußerst kompliziert; dennoch ist klar, daß dabei ungeheure Mengen von Gravitationsenergie entstehen können.

Da eine einzige Beobachtung mehr wert ist als tausend Berechungen, haben sich Astronomen mit Nachdruck bemüht, Objekte aufzuspüren, bei denen es sich um Schwarze Löcher handeln könnte, die im Begriff stehen, Materie zu schlucken. Zwar haben sie bisher keinen besonders überzeugenden Kandidaten dafür gefunden, wohl aber im Sternbild des Schwans ein äußerst vielversprechend aussehendes Sternensystem, das unter dem Namen Cygnus X-1 bekannt ist. Das optische Teleskop zeigt einen großen heißen Stern von der Art derer, die wegen ihrer Farbe als blaue Riesen bekannt sind. Spektroskopische Untersuchungen weisen darauf hin, daß der blaue Stern nicht allein ist; er bewegt sich rhythmisch hin und her, ein Hinweis darauf, daß die Gravitation eines in seiner Nähe befindlichen Objekts ständig auf ihn einwirkt. Offensichtlich umkreisen dies Gestirn und ein anderer Körper einander in geringer Entfernung. Mit Hilfe optischer Teleskope allerdings läßt sich keine Spur des Begleiters entdecken: Es muß sich dabei entweder um ein schwarzes Objekt oder einen sehr blassen, schwach leuchtenden kompakten Stern handeln. Das läßt auf ein Schwarzes Loch schließen, ist aber keinesfalls ein Beweis.

Einen weiteren Hinweis liefern uns Schätzungen der Masse des dunklen Körpers. Diese läßt sich aus Newtons Gesetzen herleiten, sobald uns die Masse des blauen Riesen bekannt ist. Wegen der engen Beziehung zwischen der Farbe eines Sterns und seiner Masse kann man diese schätzen. Da blaue Sterne heiß sind, besitzen sie eine große Masse. Berechnungen zeigen, daß die Masse des dem Auge nicht wahrnehmbaren Begleitobjekts derjenigen mehrerer Sonnen entspricht. Da es sich ganz offensichtlich nicht um einen gewöhnlichen kleinen und blassen, schwach leuchtenden Stern handelt, muß es ein zusammengebrochener Stern von großer Masse sein – entweder ein weißer Zwerg, ein Neutronenstern oder ein Schwarzes Loch. Doch gibt es grundlegende physikalische Erklärungen dafür, warum es sich bei einem kompakten Objekt dieser Masse weder um einen weißen Zwerg noch um einen Neutronenstern handeln kann. Das hat etwas mit dem intensiven Gravitationsfeld zu tun, welches das Objekt zusammenzudrücken versucht. Ein vollständiger Zusammenbruch zu einem Schwarzen Loch läßt sich nur vermeiden, wenn eine Art Innendruck existiert, der hinreicht, um dem von außen kommenden Druck der Gravitation Widerstand zu leisten. Entspricht aber die Masse des zusammengebrochenen Objekts dem mehrerer Sonnen, kann keine bekannte Kraft dem zermalmenden Gewicht seines Materials widerstehen. Wäre das Innere des Sterns fest genug, um diesem Druck Widerstand zu leisten, müßte die Schallgeschwindigkeit innerhalb des Materials höher sein als die Lichtgeschwindigkeit. Da das der speziellen Relativitätstheorie widerspricht, sind die meisten Physiker und Astronomen überzeugt, daß unter solchen Umständen die Entstehung eines Schwarzen Lochs unvermeidlich ist.

Der endgültige Beweis, daß Cygnus X-1 tatsächlich ein Schwarzes Loch enthält, stammt aus einer gänzlich anderen Beobachtung. Die Bezeichnung X-1 wurde dem System gegeben, weil es sich dabei um eine starke Quelle von Röntgenstrahlen (im Englischen x-rays, also X-Strahlen) handelt, die sich mit Hilfe von an Satelliten befindlichen Meßfühlern entdecken lassen. Theoretische Modelle legen überzeugend Rechenschaft ab von der Existenz dieser Röntgenstrahlen; sie basieren auf der Annahme, daß es sich in Cygnus X-1 bei dem dunklen Gefährten um ein Schwarzes Loch handelt. So stark ist das Gravitationsfeld des Lochs den Berechnungen nach, daß es von dem blauen Riesenstern Materie absaugen kann. Während die entzogenen Gase dem Loch – und damit dem endgültigen Verschwinden – entgegentreiben, müßte die Umlaufbewegung des Systems bewirken, daß die hineinstürzende Materie um das Schwarze Loch herumwirbelt und dabei eine Scheibe bildet. Eine solche Scheibe kann keinesfalls vollständig stabil sein, weil die Umlaufgeschwindigkeit der Materie nahe der Mitte weit höher ist als nahe dem Rand und weil Reibungskräfte versuchen werden, zwischen diesen unterschiedlichen Umdrehungsgeschwindigkeiten einen Ausgleich herbeizuführen. Folglich erwärmt sich das Gas auf eine Temperatur, die so hoch ist, daß dabei nicht nur Licht, sondern auch Röntgenstrahlung ausgesendet wird. Der Verlust an Bewegungsenergie, zu dem es dabei kommt, bewirkt, daß das Gas allmählich spiralförmig in das Schwarze Loch hineingleitet.

Mithin stützt sich die Beweisführung für die Existenz eines Schwarzen Lochs in Cygnus X-1 auf eine ganze Reihe von Argumenten, die sowohl beobachtete Einzelheiten als auch theoretische Modelle einbeziehen. Das ist kennzeichnend für einen Großteil der gegenwärtig durchgeführten astronomischen Untersuchungen; kein Einzelbeleg ist wahrhaft zwingend, aber alles in allem legen die verschiedenen an Cygnus X-1 und einer Reihe ähnlicher Systeme vorgenommenen Untersuchungen die Existenz eines Schwarzen Lochs sehr nahe. Auf jeden Fall ist die

Erklärung, die mit dem Schwarzen Loch operiert, die sauberste und plausibelste.

Die Auswirkungen größerer Schwarzer Löcher lassen noch spektakulärere Phänomene erwarten. Es darf inzwischen als wahrscheinlich gelten, daß viele Galaxien in ihrer Mitte Schwarze Löcher von gewaltiger Masse enthalten. Einen Beweis dafür liefert die rasche Bewegung von Sternen in diesen Galaxienzentren; sie streben erkennbar einem äußerst kompakten Objekt mit großer Anziehungskraft zu. Die Masse dieser vermuteten Objekte wird auf einen Wert zwischen zehn Millionen und einer Milliarde Sonnenmassen geschätzt; damit besäßen sie einen ungeheuren Appetit auf alles, was an Materie in ihre Nähe gerät. Sterne, Planeten, Gas und Staub fallen vermutlich alle miteinander diesen Ungeheuern zum Opfer. In manchen Fällen müßte das Hineinstürzen in diese Löcher so heftig verlaufen, daß der Prozeß die gesamte Struktur der Galaxie durcheinanderbringt. Astronomen kennen viele Spielarten aktiver galaktischer Kerne. Manche Galaxien erwecken den Anschein, als explodierten sie buchstäblich; viele sind mächtige Quellen von Radiowellen, Röntgenstrahlen und anderen Energieformen. Am auffälligsten ist eine Klasse aktiver Galaxien, die ungeheure Gasfontänen mit einer Länge von Tausenden oder gar Millionen von Lichtjahren aus sich herausschleudern. Die Energieabgabe einiger dieser Objekte ist unglaublich. Beispielsweise können sehr weit entfernte Quasare – das Kunstwort ›quasar‹ bedeutet ›quasi-stellar object‹, also ›sternenähnliches Objekt‹ – die gleiche Menge an Energie freisetzen wie Tausende von Galaxien. Da das in einer Region von lediglich einem Lichtjahr Durchmesser geschieht, wirken sie, äußerlich gesehen, wie Sterne.

Viele Astronomen vermuten hinter all diesen nachhaltig beeinflußten Objekten gewaltige, in Rotation befindliche Schwarze Löcher, die Materie aus ihrer Umgebung verschlingen. Jeder Stern, der sich einem Schwarzen Loch nähert, läuft Gefahr, durch dessen Gravitation zerrissen zu werden oder mit anderen Sternen zusammenzustoßen und zu zerbrechen.

Wie im Falle von Cygnus X-1, aber in weit größerem Maßstab, würde dann die verteilte Materie vermutlich eine Scheibe aus heißem Gas bilden, die das Loch umkreist und langsam hineinsinkt. Die damit verbundene Freisetzung riesiger Mengen von Gravitationsenergie kann entlang der Umdrehungsachse des Loches geleitet werden, wobei zwei einander entgegengerichtete Fontänen aufträten, wie es oft beobachtet wurde. Vermutlich handelt es sich bei dieser Energiefreisetzung und der Entstehung der Fontänen um einen äußerst komplizierten Mechanismus, weil dabei neben der Gravitation, dem Elektromagnetismus und der Reibung auch andere Kräfte eine Rolle spielen. Die ganze Frage bleibt weiterhin Gegenstand intensiver und theoretischer und empirischer Forschungsarbeit. Im Mai 1994 wurde berichtet, daß das Hubble-Teleskop eine schnell drehende Scheibe heißen Gases im Zentrum der Galaxie M87 aufgespürt habe. Diese Beobachtung legt das Vorhandensein eines äußerst massestarken Schwarzen Loches sehr nahe.

Und wie verhält es sich mit unserer Milchstraße? Könnte auch sie auf diese Weise ›aus dem Takt‹ gebracht werden? Ihr Zentrum liegt dreißigtausend Lichtjahre von uns entfernt im Sternbild des Schützen. Trotz großer Gas- und Staubwolken, welche die inneren Regionen der Galaxie verdunkeln, ist es Astronomen mit Hilfe von Messungen der Radio-, Röntgen-, Gamma-, und Infrarotstrahlung gelungen, das Vorhandensein eines äußerst kompakten Objekts von hohem Energiegehalt namens Sagittarius A* zu entdecken. Trotz seines Durchmessers von lediglich einigen Milliarden Kilometern (nach astronomischen Maßstäben eine geringe Größe), ist es die mächtigste Radioquelle in unserer Galaxis. Nicht nur deckt sich seine Lage mit der einer äußerst intensiven Quelle von Infrarotstrahlung, es liegt außerdem in der Nähe eines ungewöhnliche Röntgenstrahlung aussendenden Objekts. Wenn der Sachverhalt auch kompliziert ist, hält man es für immer wahrscheinlicher, daß sich dort mindestens ein Schwarzes Loch von großer Masse befindet und für einen Teil der beobachteten Erscheinungen verantwortlich ist. Allerdings dürfte die Masse dieses Loches höchstens zehn Millionen Sonnenmassen betragen, für Objekte dieser Art relativ wenig. Es gibt keine Hinweise auf die Art heftiger Aussendungen von Energie und Materie, wie man sie in einigen anderen galaktischen Kernen beobachtet. Das aber kann daran liegen, daß sich dies Schwarze Loch zur Zeit in einer Ruhephase befindet. Zwar könnte es irgendwann in der Zukunft erneut aktiv werden – vielleicht, wenn es eine größere Gasmenge aufnimmt –, doch dürften von ihm kaum so starke Einflüsse ausgehen wie von vielen anderen bekannten Systemen. Auf welche Weise sich ein solches erneutes Aktivwerden auf Sterne und Planeten in den Spiralarmen der Galaxie auswirken würde, ist unklar.

Ein Schwarzes Loch wird die Ruheenergie zum Untergang verurteilter Materie so lange freisetzen, wie es in seiner Nähe Materie gibt, die es verschlingen kann. Im Laufe der Zeit verschlingen Schwarze Löcher immer mehr davon, wodurch sie immer größer und gieriger werden, so daß ein Loch mit großer Masse schließlich sogar Sterne auf sehr fernen Umlaufbahnen anzieht. Der Grund dafür ist ein äußerst schwaches, doch letztlich entscheidendes Phänomen, das als Gravitationsstrahlung bekannt ist.

Schon bald, nachdem Einstein 1915 seine Allgemeine Relativitätstheorie formuliert hatte, entdeckte er eine bemerkenswerte Eigenschaft des Gravitationsfeldes. Bei näherer Betrachtung der Feldgleichungen der Theorie fiel ihm auf, daß sie die Existenz wellenartiger Gravitationsschwingungen voraussagten, die sich mit Lichtgeschwindigkeit durch den leeren Raum fortpflanzen. Diese Gravitationsstrahlung erinnert an die elektromagnetische Strahlung wie im Falle von Licht- und Funkwellen. Doch obwohl sie viel Energie enthalten kann, unterscheidet sie sich von elektromagnetischer Strahlung durch das Ausmaß ihres Einflusses auf die Materie. Während schon eine Drahtschleife eine Funkwelle absorbieren kann, ist die Wechselwirkung einer Gravitationswelle so schwach, daß sie mit nahezu unverminderter Energie durch die Erde hindurchgeht. Könnte man einen Gravitationslaser herstellen, wäre ein Strahl von einer Milliarde Kilowatt nötig, um einen Kessel Wasser mit dem gleichen Wirkungsgrad zum Sieden zu bringen, den ein Kilowatt elektrischer Leistung hat. Dieser vergleichsweise geringe Energiegehalt der Gravitationsstrahlung läßt sich darauf zurückführen, daß die Gravitation die bei weitem schwächste der bekannten Naturkräfte ist. Beispielsweise hat sie in einem Atom ein Verhältnis von etwa eins zu 10^{-40} zu elektrischen Kräften. Sie fällt uns überhaupt nur auf, weil sich ihre Wirkung kumuliert, so daß sie bei großen Objekten, wie beispielsweise Planeten, in den Vordergrund tritt.

Nicht nur, daß sich Gravitationswellen äußerst schwach auswirken, auch bei ihrer Entstehung geht es ziemlich ruhig zu. Grundsätzlich wird Gravitationsstrahlung überall dort produziert, wo Massen beeinflußt werden. Beispielsweise kommt es beim Umlauf der Erde um die Sonne zu einer beständigen Abfolge von Gravitationswellen, deren Gesamtleistung sich allerdings auf lediglich ein Milliwatt beläuft. Zwar sorgt dieser Energieverlust dafür, daß die Umlaufbahn der Erde enger wird, doch geschieht das mit geradezu grotesker Langsamkeit: der Wert verändert sich pro Jahrzehnt um etwa ein Tausend-Billionstel eines Zentimeters.

Bei astronomischen Körpern großer Masse, die sich nahezu mit Lichtgeschwindigkeit bewegen, sieht die Sache allerdings deutlich anders aus. Zwei Erscheinungen führen vermutlich zu bedeutenden Wirkungen der Gravitationsstrahlung: die mit hoher Geschwindigkeit erfolgende Bewegung massiver Objekte auf Umlaufbahnen umeinander sowie plötzlich eintretende heftige Ereignisse – beispielsweise eine Supernova oder der Zusammenbruch eines Sterns, bei dem ein Schwarzes Loch entsteht und kurzlebige Schwingungen von Gravitationsstrahlung ausgesendet werden, die vielleicht wenige Mikrosekunden (millionstel Sekunden) andauern und gewöhnlich 10^{44} Joule an

Energie ableiten. (Man vergleiche das mit der Wärmeleistung der Sonne von etwa 3×10^{26} Joule pro Sekunde.) Bei der mit hoher Geschwindigkeit erfolgenden Bewegung massiver Objekte auf Umlaufbahnen umeinander erzeugt beispielsweise ein Doppelstern, dessen Massenzentren dicht beieinander liegen, einen starken beständigen Strom von Gravitationsstrahlung. Dieser Prozeß ist besonders ergiebig, wenn es sich bei den einander umkreisenden Sternen um kollabierte Objekte wie beispielsweise Neutronensterne oder Schwarze Löcher handelt. Im Sternbild Adler umlaufen einander zwei Neutronensterne in einer Entfernung von nur wenigen Millionen Kilometern. Wegen ihrer starken Gravitationsfelder dauert ein Umlauf jeweils weniger als acht Stunden, so daß sich die Sterne mit einem beachtlichen Bruchteil der Lichtgeschwindigkeit bewegen. Diese ungewöhnlich hohe Geschwindigkeit verstärkt die Aussendung von Gravitationswellen erheblich und bewirkt, daß sich die Umlaufbahnen Jahr für Jahr einander um einen meßbaren Betrag annähern (die Veränderung der Umlaufzeit beträgt in diesem Zeitraum etwa 75 Mikrosekunden). Während sich die Sterne spiralförmig aufeinander zu bewegen, nimmt die ausgesendete Strahlungsmenge deutlich zu. Es ist das Schicksal der Sterne, daß sie in dreihundert Millionen Jahren zusammenstoßen.

Astronomen schätzen, daß es in einer Galaxie etwa einmal alle hunderttausend Jahre zur Verschmelzung eines Doppelsternsystems dieser Art kommt. So kompakt sind die Objekte und so intensiv ihre Gravitationsfelder, daß die Sterne in den letzten Augenblicken vor ihrem Zusammenprall einander Tausende von Malen pro Sekunde umlaufen, und die Frequenz der Gravitationswelle wird mit einem kennzeichnenden schrillen Laut emporschnellen. Einsteins Formeln sagen voraus, daß die Abgabe von Gravitationsleistung in dieser Endphase gewaltig sein und die Umlaufbahn rasch zusammenbrechen wird. Die gegenseitige Gravitationsanziehung verzerrt die Gestalt der Sterne so stark, daß sie im Zeitpunkt ihres Zusammenpralls wie gewaltige Zigarren aussehen, die sich mit rasender Geschwindigkeit drehen. Die darauffolgende Verschmelzung wird eine unschöne Angelegenheit, denn beide Sterne schließen sich zu einer wild tobenden Masse zusammen, die reichlich Gravitationsstrahlung aussendet. Schließlich nimmt das Ganze ungefähr Kugelgestalt an, wobei es sich aber weiterhin dreht und nach einem bestimmten Muster wie eine riesige Glocke hin und her schwingt. Diese Schwingungen erzeugen gleichfalls eine gewisse Menge an Gravitationsstrahlung, die dem Objekt noch mehr Energie entzieht, bis es sich beruhigt und schließlich bewegungslos wird.

Obwohl der Energieverlust vergleichsweise langsam eintritt, dürfte die Aussendung von Gravitationsstrahlen, langfristig gesehen, eine tiefgreifende Wirkung auf die Struktur des Universums haben. Daher ist es wichtig, daß die Wissenschaftler versuchen, ihre Theorien zur Gravitationsstrahlung durch Beobachtungen zu verifizieren. Untersuchungen des Neutronen-Doppelstern-Systems im Sternbild Adler zeigen, daß sich die Umlaufbahn genau um den in Einsteins Theorie vorausgesagten Betrag verändert – ein unmittelbarer Beleg für die Aussendung von Gravitationsstrahlung. Für einen endgültigen Nachweis wäre allerdings die Entdeckung solcher Strahlung in einem Labor auf der Erde erforderlich.

Viele Forschergruppen haben Anlagen gebaut, die den flüchtigen Durchgang eines Ausbruchs von Gravitationswellen aufzeichnen sollten, doch war bisher keine davon empfindlich genug, um solche Wellen zu entdecken. Wahrscheinlich müssen wir eine neue Generation von Meßinstrumenten abwarten, bis Gravitationsstrahlung endgültig nachweisbar wird.

Verschmelzen zwei Neutronensterne, ist das Ergebnis entweder ein größerer Neutronenstern oder ein Schwarzes Loch. Dagegen resultiert aus der Verschmelzung zweier Schwarzer Löcher oder eines Neutronensterns mit einem Schwarzen Loch stets ein Schwarzes Loch. Dieser Vorgang, über den man nur spekulieren kann, ist mit einem Verlust an Gravitationswellen-

Energie verbunden, ähnlich dem im Fall des Neutronen-Doppelsterns. Anschließend kommt es zu komplizierten Dreh- und Wankbewegungen, die durch den Verlust an Gravitationswellen-Energie allmählich gedämpft werden.

Es ist interessant, theoretisch die Grenzen der Gravitationsenergie zu erforschen, die sich beim Zusammenschluß zweier Schwarzer Löcher gewinnen ließe. Die Theorie für diese Prozesse haben Anfang der siebziger Jahre Roger Penrose, Stephen Hawking, Brandon Carter, Remo Ruffini, Larry Smarr und andere entwickelt. Wenn die Löcher von identischer Masse sind und sich nicht drehen, können etwa neunundzwanzig Prozent der gesamten Ruheenergie freigesetzt werden. Sofern man die Schwarzen Löcher auf die eine oder andere Weise – beispielsweise mit Hilfe irgendeines hochentwickelten technischen Verfahrens – behandelte, muß das keineswegs ausschließlich in Gestalt von Gravitationsstrahlung geschehen. Wohl aber träte bei einem natürlichen Zusammenschluß der größte Teil dieser Energie in jener äußerst unauffälligen Form auf. Würden sich die Löcher mit der im Rahmen der physikalischen Gesetze höchstmöglichen Geschwindigkeit (also annähernd mit Lichtgeschwindigkeit) drehen, und verschmölzen sie im gegenläufigen Drehsinn entlang ihrer Rotationsachse, könnte die Hälfte der Massenenergie abgegeben werden.

Doch auch dieser beachtliche Anteil entspräche noch nicht dem theoretischen Höchstwert. Da ein Schwarzes Loch eine elektrische Ladung besitzen kann, würde ein geladenes Schwarzes Loch sowohl über ein elektrisches wie auch über ein Gravitationsfeld verfügen, und beide könnten Energie speichern. Bei der Begegnung eines positiv geladenen Schwarzen Lochs mit einem negativ geladenen käme es zu einer ›Entladung‹, bei der elektromagnetische wie auch Gravitationsenergie freigesetzt würden.

Da die elektrische Ladung eines Schwarzen Lochs von gegebener Masse lediglich einen bestimmten Höchstwert erreichen kann, gilt für diese Entladung ein Grenzwert. Der Wert für ein nichtrotierendes Loch wird durch folgende Überlegung festgelegt: Man stelle sich zwei identische Löcher mit der gleichen Ladung vor. Ihre Gravitationsfelder bewirken eine Anziehung zwischen den Löchern, während die elektrischen Felder zu einer Abstoßung führen (gleichnamige Ladungen stoßen einander ab). Erreicht das Ladung-Masse-Verhältnis einen kritischen Wert, gleichen sich die beiden einander entgegengerichteten Kräfte genau aus, und es gibt keine resultierende Kraft zwischen den Schwarzen Löchern. Dieser Zustand kennzeichnet die Grenze für die Menge an elektrischer Ladung, die ein Schwarzes Loch enthalten kann. Man könnte sich nun fragen, was geschähe, wenn man die Ladung eines Schwarzen Loches über diesen Höchstwert hinaus zu steigern versuchte. Eine Möglichkeit wäre, ihm zwangsweise eine höhere Ladung zuzuführen. Damit nähme zwar die elektrische Ladung zu, aber die zur Überwindung der elektrischen Abstoßung nötige Arbeit würde Energie verbrauchen, und die wird dem Loch geliefert. Da Energie Masse besitzt (man denke an die Formel $E = mc^2$), nimmt die Masse des Lochs zu, es wird also größer. Eine einfache Berechnung zeigt, daß die Masse bei diesem Prozeß stärker zunimmt als die Ladung, also vermindert sich das Ladung-Masse-Verhältnis in Wirklichkeit. Der Versuch, die Grenze zu überwinden, wäre also fehlgeschlagen.

Das elektrische Feld eines geladenen Schwarzen Loches trägt zu dessen Gesamtmasse bei. Im Fall eines Loches mit der höchstmöglichen Ladung stellt das elektrische Feld die Hälfte der Masse dar. Wenn zwei nichtrotierende Löcher dem Betrag nach die höchstmögliche Ladung haben, diese aber entgegengesetzte Vorzeichen aufweist, werden sie einander sowohl durch Gravitation als auch durch Elektromagnetismus anziehen. Bei ihrem Verschmelzen neutralisieren sich die elektrischen Ladungen gegenseitig, und die elektrische Energie läßt sich gewinnen. Theoretisch kann das die Hälfte der im System enthaltenen gesamten Massenenergie ausmachen.

Die absolute Obergrenze für die Energiegewinnung ist erreicht, wenn sich beide Löcher drehen und jeweils den Höchstwert einander entgegengesetzter elektrischer Ladungen aufweisen. In diesem Fall können bis zu zwei Drittel der gesamten Massenenergie freigesetzt werden. Natürlich sind solche Werte ausschließlich von theoretischem Interesse, weil es unwahrscheinlich ist, daß ein Schwarzes Loch normalerweise eine hohe elektrische Ladung aufweist. Außerdem dürften kaum je zwei solcher Löcher in der optimalen Weise miteinander verschmelzen, es sei denn, eine fortschrittliche Technik könnte sie künftig dazu veranlassen. Doch würde wohl schon das Verschmelzen zweier Schwarzer Löcher mit geringem Wirkungsgrad zu einer nahezu sofortigen Freisetzung einer Energiemenge führen, die einem beachtlichen Teil der gesamten Massenenergie der betreffenden Objekte entspräche. Man vergleiche das mit dem kläglichen Wert von einem Prozent der Massenenergie, den Sterne im Verlauf ihres viele Milliarden Jahre währenden Lebens durch Kernverschmelzung aussenden.

Die Bedeutung dieser Gravitationsprozesse liegt darin, daß ein ausgebrannter Stern keineswegs stirbt, sondern die Möglichkeit besitzt, als kollabiertes ausgebranntes Stück Schlacke weit mehr Energie freizusetzen als zuvor im Zustand einer glühenden Gaskugel mittels der thermonuklearen Prozesse. Als man das vor etwa zwanzig Jahren erkannte, stellte sich der Physiker John Wheeler – er hatte den Begriff Schwarzes Loch geprägt – eine hypothetische Zivilisation vor, deren immer größerer Energiebedarf sie dazu veranlaßt, ihr Gestirn zu verlassen und sich um ein rotierendes Schwarzes Loch herum anzusiedeln. Tag für Tag würde diese Gemeinschaft ihre Abfallprodukte auf Lastwagen laden und auf einem genau berechneten Weg zu dem Loch bringen. In dessen Nähe würden die Fahrzeuge entladen und der Abfall in das Loch geworfen, womit er auf alle Zeiten entsorgt wäre. Das Material, das auf einem spiralförmigen Weg entlang der Drehrichtung des Lochs hineinfiele, würde dessen Umdrehung ein wenig abbremsen. Dadurch würde die Umdrehungsenergie des Lochs freigesetzt, und die Angehörigen jener Zivilisation könnten sie dazu verwenden, ihre Industrie in Gang zu halten. Damit hätte das Verfahren einen doppelten Nutzen, denn alle Abfälle ließen sich auf diese Weise beseitigen und zugleich in reine Energie umwandeln! Das würde jene Zivilisation in den Stand setzen, dem toten Stern je nach Bedarf weit mehr Energie zu entlocken, als er in seiner leuchtenden Phase abgestrahlt hatte.

Zwar gehört die Nutzbarmachung der Energie eines Schwarzen Loches ins Reich des Zukunftsromans, doch landet viel Materie auf natürliche Weise in Schwarzen Löchern – entweder als Teil eines Sterns, bei dessen Zusammenbruch das Loch entstand, oder in Gestalt von Weltraumtrümmern, die bei einer zufälligen Begegnung geschluckt wurden. Immer wieder wollen Zuhörer meiner Vorlesungen über Schwarze Löcher wissen, was mit Materie geschieht, die in diese gelangt. Die Antwort ist kurz und bündig: Wir wissen es nicht. Unsere bisherige Erkenntnis von Schwarzen Löchern gründet sich nahezu ausschließlich auf theoretische Erwägungen und mathematische Modelle. Definitionsgemäß haben wir keine Möglichkeit, das Innere eines Schwarzen Lochs von außen in Augenschein zu nehmen, das heißt, selbst wenn wir Zugang zu einem hätten (was nicht der Fall ist), würden wir nie erfahren, was darin vor sich geht. Dennoch gibt uns die Relativitätstheorie, die erstmals die Existenz Schwarzer Löcher vorausgesagt hat, die Möglichkeit, uns das Geschick eines Astronauten auszumalen, der in ein solches Loch fiele. Nachstehend eine Zusammenfassung dieser theoretischen Schlußfolgerungen.

Die Oberfläche des Loches ist lediglich ein mathematisches Konstrukt – sie weist keine Membran auf, es gibt dort nichts als leeren Raum. Einem Astronauten, der dort hineinfiele, würde nichts Besonderes auffallen. Allerdings hat die Oberfläche eine gewisse physikalische Bedeutung von ziemlicher Tragweite. Im Innern des Lochs ist die Gravitation so stark, daß sie das Licht einfängt und Photonen, die es verlassen wollen, wieder hineinzieht. Das bedeutet, daß Licht nicht hinausgelangen kann. Deshalb wirkt das Loch auch von außen gesehen schwarz. Da sich weder ein physikalischer Körper noch Information schneller als mit Lichtgeschwindigkeit zu bewegen vermag, kann nichts aus dem Schwarzen Loch hinaus, sobald die Grenze dorthin einmal überschritten ist. Was sich in seinem Inneren abspielt, bleibt Beobachtern von außen für alle Zeit verborgen. Aus diesem Grund bezeichnet man die Oberfläche eines Schwarzen Loches als »Ereignishorizont« – denn sie trennt Ereignisse außerhalb des Loches, die sich von ferne beobachten lassen, von solchen, die innerhalb des Loches stattfinden und sich der Beobachtung entziehen. Bei dieser Wirkung handelt es sich jedoch um ein ›Einbahn‹-Phänomen. Ein Astronaut, der sich innerhalb des Ereignishorizontes befände, könnte nach wie vor das Universum draußen wahrnehmen, während ihn niemand von außerhalb zu sehen vermöchte.

Je tiefer er in das Loch hineinfällt, desto stärker wird das Gravitationsfeld. Das führt unter anderem dazu, daß sein Körper verzerrt wird. Fiele der Astronaut mit den Füßen voraus in das Loch, wären die Füße dem Zentrum des Loches, wo die Gravitation stärker ist, näher als der Kopf. Folglich würden die Füße kräftiger nach unten gezogen als der Rest. Damit würde der Körper eine Dehnung in Längsrichtung erfahren. Gleichzeitig würden die Schultern auf ineinanderlaufenden Wegen zur Mitte des Lochs gezogen, so daß der Astronaut von den Seiten her zusammengequetscht würde. Für dieses Dehnen und Quetschen findet man bisweilen die Bezeichnung ›Spaghettibildung‹.

Der Theorie zufolge, nimmt die Gravitation in der Mitte des Schwarzen Lochs unbegrenzt zu. Da sich das Gravitationsfeld als Krümmung oder Verwerfung der Raumzeit manifestiert, geht die stark zunehmende Gravitation mit einer Raumzeit-Verwerfung einher, die ebenfalls ohne bekannte Grenze zunimmt. Mathematiker nennen das eine Raumzeit-Singularität. Damit ist eine Grenze oder ein Rand von Raum und Zeit gemeint, über den hinaus sich die übliche Vorstellung der Raumzeit nicht fortsetzen läßt. Nach Überzeugung vieler Physiker bedeutet die Singularität im Inneren eines Schwarzen Lochs tatsächlich das Ende von Raum und Zeit und wird dorthin gelangende Materie vollständig ausgelöscht. Wenn das stimmt, würden sogar die Atome, aus denen der Körper des Astronauten besteht, binnen einer Nanosekunde (in der Alltagssprache eine Milliardstelsekunde) von ›Ultra-Spaghettibildung‹ in der Singularität verschwinden.

Angenommen, das Schwarze Loch besitzt eine Masse von zehn Millionen Sonnen – ähnlich dem Loch, das sich möglicherweise in der Mitte der Milchstraße befindet – und dreht sich nicht. In dem Fall würde das, was der Astronaut beim Fall vom Ereignishorizont zu der ihn vernichtenden Singularität wahrnimmt, etwa drei Minuten dauern. Diese letzten drei Minuten dürften in höchstem Grade unbehaglich sein; in der Praxis würde die Spaghettibildung den Unglückseligen längst vor Erreichen der Singularität töten. In dieser Endphase wäre er keinesfalls imstande, die tödliche Singularität zu sehen, da von ihr kein Licht entweichen kann. Wenn das Schwarze Loch, um das es geht, lediglich einer einzigen Sonnenmasse entspricht, beträgt sein Halbmesser etwa drei Kilometer. In dem Fall würde der Weg vom Ereignishorizont zur Singularität nur wenige Mikrosekunden dauern.

Obwohl im Bezugssystem des fallenden Astronauten die Zeit bis zur Zerstörung äußerst rasch vergehen würde, ist die Zeitverwerfung so beschaffen, daß seine letzte Reise, aus der Ferne betrachtet, wie in Zeitlupe wahrgenommen wird. Wenn er sich dem Ereignishorizont nähert, scheint sich der Ablauf der Ereignisse in der unmittelbaren Nachbarschaft für den fernen Beobachter immer mehr zu verlangsamen. Es sieht ganz so aus, als dauere es unendlich lange, bis der Astronaut den Ereignishorizont erreicht. Er würde also in blitzschnellem Ablauf erleben, was in fernen Bezirken des Universums einer Ewigkeit entspricht. In dieser Hinsicht ist ein Schwarzes Loch eine Art Torweg zum Ende des Universums, eine kosmische Sackgasse, die den Ausgang ins Nirgendwo darstellt. Es ist eine kleine Region des Raumes, die das Ende der Zeit enthält. Wer voll Neugier auf das Ende des Universums in ein Schwarzes Loch hineinspringt, kann das unmittelbar selbst erfahren.

Obwohl die Schwerkraft bei weitem die schwächste Naturkraft ist, bestimmt ihre tückische und kumulierende Wirkung nicht nur das endgültige Geschick einzelner astronomischer Objekte, sondern auch des gesamte Universums. Die gleiche unerbittliche Anziehungskraft, die einen Stern zermalmt, wirkt in weit größerem Maßstab auf das gesamte All ein. Was dabei herauskommt, hängt entscheidend von der Gesamtmenge der Materie ab, auf die eine solche Gravitationsanziehung ausgeübt wird. Um diesen Wert festzustellen, müssen wir das Gewicht des Universums ermitteln.

Wieviel wiegt das Universum?

Häufig wird gesagt: Was aufsteigt, muß auch wieder herunterkommen. Die Wirkung der Gravitation bremst den Flug eines dem Himmel entgegengeschleuderten Körpers und holt ihn zur Erde zurück. Allerdings gilt das nicht immer. Bewegt sich ein Körper hinreichend schnell, kann er sich der Schwerkraft der Erde entziehen und auf Nimmerwiedersehen in den Weltraum entschwinden. Trägerraketen, die Raumfahrzeuge in den interplanetarischen Raum befördern, erreichen solch hohe Geschwindigkeiten.

Die ›Fluchtgeschwindigkeit‹, die erforderlich ist, um sich dem Schwerefeld der Erde zu entziehen, beträgt etwa elf Kilometer pro Sekunde (knapp 40 000 Stundenkilometer) und übertrifft damit die des Überschallflugzeugs *Concorde* um mehr als das Zwanzigfache. Dieser entscheidende Wert leitet sich von der Masse der Erde – das heißt der in ihr enthaltenen Materie – und von ihrem Radius ab. Je kleiner ein Körper von einer bestimmten Masse ist, desto größer ist die an seiner Oberfläche herrschende Gravitation. Wer das Sonnensystem verlassen will, muß die Gravitation der Sonne überwinden; die dazu erforderliche Fluchtgeschwindigkeit beträgt 618 Kilometer pro Sekunde. Auch wer die Milchstraße verlassen will, muß eine Geschwindigkeit von mehreren hundert Kilometern pro

Sekunde erreichen. Am anderen Ende der Skala beträgt die Fluchtgeschwindigkeit von einem kompakten Objekt wie einem Neutronenstern Zehntausende von Kilometern pro Sekunde, und einem Schwarzen Loch läßt sich nur mit Lichtgeschwindigkeit (300 000 Kilometer pro Sekunde) entkommen.

Und wenn jemand das Universum verlassen möchte? Wie schon im zweiten Kapitel ausgeführt, scheint das All keine Begrenzung zu haben, der man entfliehen könnte. Tun wir aber einmal so, als besäße es eine solche Begrenzung und als läge diese am Rande des von uns beobachtbaren Raumes (etwa fünfzehn Milliarden Lichtjahre entfernt), dann wäre die Fluchtgeschwindigkeit in etwa mit der Lichtgeschwindigkeit identisch. Das ist sehr bezeichnend, denn die fernsten Galaxien scheinen sich nahezu mit Lichtgeschwindigkeit von uns zurückzuziehen. Auf den ersten Blick scheinen sie sich so rasch voneinander zu entfernen, als könnten sie dem Universum oder zumindest den anderen Sternen tatsächlich ›entfliehen‹ und nie wieder ›herunterkommen‹.

In Wirklichkeit ähnelt das Verhalten des sich ausdehnenden Universums dem eines von der Erde abgefeuerten Körpers, auch wenn es keine genau definierte Grenze gibt. Ist die Ausdehnungsgeschwindigkeit groß genug, werden die sich zurückziehenden Galaxien der gesamten Gravitation aller anderen Materie im Universum entfliehen, und die Ausdehnung wird für alle Zeiten fortdauern. Liegt andererseits diese Geschwindigkeit zu niedrig, hört die Ausdehnung irgendwann auf und das Universum wird beginnen, sich zusammenzuziehen. Dann werden die Galaxien wieder ›herunterkommen‹, und die letzte kosmische Katastrophe wird eintreten, während das Universum in sich zusammenstürzt.

Welches der beiden Ereignisse wird eintreten? Die Antwort hängt vom Vergleich zweier Zahlen ab. Auf der einen Seite haben wir die Ausdehnungsgeschwindigkeit; auf den anderen die gesamte Gravitationskraft des Universums – mit anderen Worten, sein Gewicht. Je größer die Anziehungskraft ist, desto rascher muß sich das Universum ausdehnen, um sie zu überwinden. Astronomen können die Geschwindigkeit der Ausdehnung durch Beobachtung der Rotverschiebung unmittelbar messen; doch ist man sich über die Antwort noch nicht ganz einig. Die zweite Größe – das Gewicht des Universums – ist noch problematischer.

Wie wiegt man das Universum? Das scheint eine entmutigende Aufgabe zu sein. Ganz offensichtlich können wir sie nicht unmittelbar lösen. Dennoch sind wir möglicherweise imstande, das Gewicht mit Hilfe der Gravitationstheorie abzuleiten. Eine untere Grenze läßt sich ohne weiteres ermitteln. Man kann das Gewicht der Sonne ermitteln, indem man die Kraft ihrer Gravitationsanziehung auf die Planeten mißt. Da wir wissen, daß die Milchstraße ungefähr hundert Milliarden Sterne von jeweils durchschnittlich etwa einer Sonnenmasse enthält, besitzen wir einen groben unteren Grenzwert für die Masse der Galaxis. Jetzt müssen wir feststellen, wie viele Galaxien es im Weltall gibt. Um sie einzeln zu addieren, ist ihre Zahl zu groß, aber zehn Milliarden dürfte ein einigermaßen zutreffender Schätzwert sein. Das entspricht 10^{21} Sonnenmassen oder alles in allem etwa 10^{48} Tonnen. Wenn wir den Halbmesser dieser Galaxienmenge mit fünfzehn Milliarden Lichtjahren ansetzen, können wir einen Mindestwert für die Fluchtgeschwindigkeit aus dem Universum berechnen. In diesem Fall hieße die Lösung: etwa ein Prozent der Lichtgeschwindigkeit. Wir können nun schließen, daß das Universum, sofern sein Gewicht ausschließlich auf die Sterne zurückginge, imstande wäre, der Anziehung seiner eigenen Gravitation zu entfliehen und sich unendlich auszudehnen.

Tatsächlich halten viele Naturwissenschaftler das für die wahrscheinliche Entwicklung. Aber nicht alle Astronomen und Kosmologen sind überzeugt, daß diese Berechnung richtig ist. Wir nehmen nicht die Gesamtheit der Materie wahr, denn nicht alle Objekte im Universum leuchten. Dunkle Körper, wie beispielsweise schwach leuchtende Sterne, Planeten und Schwarze Löcher, entziehen sich unserer Aufmerksamkeit weitgehend.

Außerdem enthält das Universum viel Staub und Gas, das zum großen Teil unauffällig ist. Hinzu kommt, daß die Räume zwischen den Galaxien zweifellos nicht gänzlich materiefrei sind; möglicherweise gibt es dort große Mengen von nicht verdichtetem Gas.

Eine noch interessantere Möglichkeit hat Astronomen über mehrere Jahre fasziniert. Der Urknall, mit dem das Universum entstand, war die Quelle aller Materie, die wir sehen, aber auch eines großen Teils von Materie, die für uns unsichtbar ist. Falls das Universum als äußerst heiße Suppe aus Elementarteilchen begann, müßten neben den uns bekannten Elektronen, Protonen und Neutronen, aus denen die Materie gewöhnlich besteht, auch allerlei andere Teilchen, wie Teilchenphysiker sie in jüngerer Zeit im Labor identifiziert haben, in üppiger Fülle entstanden sein. Zwar dürften die meisten, da äußerst instabil, bald zerfallen sein, doch könnten manche noch als Überbleibsel der Entstehung des Kosmos bis in die Gegenwart hinein existieren.

Unter diesen Resten, denen unser Interesse gilt, stehen an erster Stelle die Neutrinos, jene Phantom-Teilchen, deren Aktivität sich in Supernovae äußert (vgl. viertes Kapitel). Soweit wir wissen, kann ein Neutrino zu nichts anderem zerfallen. (Tatsächlich gibt es drei unterschiedliche Arten von Neutrinos, die sich möglicherweise ineinander umwandeln können, doch sei auf diese Komplikation nicht weiter eingegangen.) Wir nehmen also an, das All schwimme in einem Meer vom Urknall übriggebliebener kosmischer Neutrinos. Vorausgesetzt, die Energie des Ur-Universums wurde zu gleichen Teilen zwischen allen Arten von Elementarteilchen aufgeteilt, dann läßt sich berechnen, wie viele Neutrinos es im All geben müßte. Es ergibt sich etwa eine Million Neutrinos pro Kubikmeter Weltraum – oder rund eine Milliarde Neutrinos für jedes Teilchen gewöhnlicher Materie.

Diese bemerkenswerte Schlußfolgerung fasziniert mich immer wieder. Zu jedem beliebigen Zeitpunkt gibt es in unserem Körper etwa hundert Milliarden Neutrinos, nahezu eins wie das andere Überreste des Urknalls, die man seit der ersten Millisekunde der Existenz mehr oder weniger in Frieden gelassen hat. Weil sich Neutrinos mit oder nahe der Lichtgeschwindigkeit bewegen, sausen sie so rasch durch uns hindurch, daß uns in jeder Sekunde hundert Milliarden Milliarden davon durchdringen! Dieser unaufhörliche Angriff findet völlig unbemerkt von uns statt, denn die Wechselwirkung von Neutrinos mit gewöhnlicher Materie ist so schwach, daß die Wahrscheinlichkeit, daß auch nur eines von ihnen im Verlauf unseres Lebens in unserem Körper aufgehalten wird, verschwindend gering ist. Dennoch könnte die Existenz so vieler in den scheinbar leeren Weiten des Universums verteilter Neutrinos einen tiefgreifenden Einfluß auf sein endgültiges Schicksal haben.

Trotz ihrer äußerst schwachen Wechselwirkung üben Neutrinos, ganz wie alle anderen Teilchen, eine Schwerkraft aus. Auch wenn sie nicht oft andere Materie in erkennbarer Weise herumzerren, könnten die mittelbaren Auswirkungen ihrer Gravitation insofern entscheidend sein, als sie einen Beitrag zum Gesamtgewicht des Universums leisten. Um dessen Ausmaß zu bestimmen, müssen wir die Masse der Neutrinos ermitteln.

Wo es um Schwerkraft geht, zählt statt der Ruhemasse eher die tatsächliche Masse. Da sich Neutrinos nahezu mit Lichtgeschwindigkeit bewegen, besitzen sie trotz ihrer winzigen Ruhemasse möglicherweise eine bedeutende Masse (vgl. S. 58). So ist ohne weiteres möglich, daß ihre Ruhemasse den Wert Null hat und sie sich exakt mit Lichtgeschwindigkeit bewegen. In diesem Fall ließe sich ihre tatsächliche Masse über ihre Energie bestimmen, die man für die vom Urknall herrührenden Neutrinos im All aus der ihnen damals mitgeteilten Energie herleiten kann. Diese ursprüngliche Energie muß mit einem Faktor korrigiert werden, welcher der dämpfenden Wirkung Rechnung trägt, die von der Ausdehnung des Universums ausgeübt wird. Nunmehr zeigt sich, daß Neutrinos mit einer Ruhemasse Null keinen beträchtlichen Beitrag zum Gesamtgewicht des Universums leisten.

Andererseits dürfen wir weder sicher sein, daß ein Neutrino

die Ruhemasse Null besitzt, noch daß bei allen drei Arten von Neutrinos die Ruhemasse den gleichen Wert aufweist. Soweit wir zur Zeit Neutrinos theoretisch verstehen, ist eine endliche Ruhemasse nicht ausgeschlossen. Mithin bleibt es einem Experiment überlassen zu bestimmen, wie sich die Sache verhält. Wie im vierten Kapitel erwähnt, wissen wir, daß die Ruhemasse von Neutrinos – wenn sie denn eine besitzen – zweifellos äußerst gering ist: weit geringer als die aller anderen bekannten Teilchen. Doch weil es im Universum so viele davon gibt, könnte schon eine winzige Ruhemasse bei der Ermittlung des Gesamtgewichts des Universums einen entscheidenden Unterschied machen. Es handelt sich dabei um eine äußerst subtile Angelegenheit. Beträge die Ruhemasse nur ein Zehntausendstel der Masse eines Elektrons (das leichteste uns bekannte Teilchen), würde das schon für eine dramatische Auswirkung genügen: In diesem Fall wäre das Gesamtgewicht der Neutrinos höher als das aller Sterne.

Eine so winzige Ruhemasse läßt sich außerordentlich schwer aufspüren, und Experimente haben bisher zu verwirrenden und widersprüchlichen Ergebnissen geführt. Sonderbarerweise lieferte die Entdeckung von Neutrinos bei der Supernova 1987A einen wichtigen Hinweis. Wie schon gesagt, müssen sich alle Neutrinos, sofern ihre Ruhemasse Null beträgt, mit genau der gleichen Geschwindigkeit bewegen, nämlich der des Lichts. Besitzt ein Neutrino auf der anderen Seite Ruhemasse, die zwar gering, aber nicht gleich Null ist, sind verschiedene Geschwindigkeiten möglich. Da Neutrinos aus einer Supernova einen hohen Energiegehalt haben dürften, bewegen sie sich selbst dann sehr nahe der Lichtgeschwindigkeit, wenn ihre Ruhemasse den Wert Null übersteigt. Doch da sie schon so lange durch den Raum gereist sind, könnten winzige Abweichungen in ihrer Geschwindigkeit bei ihrem Eintreffen auf der Erde einen meßbaren Wert annehmen. Erforscht man das Ausmaß, in dem die von der Supernova 1987A stammenden Neutrinos über die Zeit verteilt waren, kann man einen oberen Grenzwert für ihre Ruhemasse mit etwa einem Dreißigtausendstel der Masse eines Elektrons festlegen.

Leider wird die Sache dadurch kompliziert, daß mehr als eine Art Neutrino bekannt ist. Die meisten Bestimmungen der Ruhemasse beziehen sich auf das ursprünglich von Pauli postulierte Neutrino; doch hat man seit dessen Entdeckung eine zweite Art Neutrino gefunden und auf die Existens einer dritten Art geschlossen. Alle drei Arten müßten beim Urknall in großer Menge entstanden sein. Für die Masse der beiden anderen Neutrino-Arten unmittelbar Grenzwerte festzusetzen, ist überaus schwierig. Bisherige Experimente zeigen, daß die Bandbreite möglicherweise äußerst groß ist, doch vertreten Theoretiker zur Zeit die Ansicht, daß Neutrinos in der im Universum enthaltenen Masse wahrscheinlich nicht dominieren. Diese Meinung könnte sich im Lichte neuer experimentell gewonnener Bestimmungen von Neutrino-Massen bald in ihr Gegenteil verkehren.

Auch sind Neutrinos nicht die einzigen Reste aus dem Universum, die man berücksichtigen muß, wenn es darum geht, dessen Gewicht zu ermitteln. Beim Urknall könnten auch andere stabile Teilchen mit schwacher Wechselwirkung entstanden sein, und es ist gut möglich, daß sie eine verhältnismäßig große Masse besitzen. (Wird die Ruhemasse von Teilchen zu groß, wird deren Erzeugung im Vergleich zu anderen Teilchen von geringerer Masse unterdrückt, weil zu ihrer Herstellung mehr Energie erforderlich ist.) Man verwendet für sie nach dem englischen Ausdruck ›weakly interacting massive particles‹ (massehaltige Teilchen mit schwacher Wechselwirkung) den Sammelbegriff WIMPs. Theoretiker haben eine ziemlich lange Liste hypothetischer WIMPs mit befremdlich anmutenden Namen wie Gravitinos, Higgsinos und Photinos zusammengestellt. Niemand weiß, ob es sie wirklich gibt, doch sollte das der Fall sein, müßte man sie einbeziehen, wenn es das Gewicht des Universums zu ermitteln gilt.

Bemerkenswerterweise kann man von der Art und Weise, wie

WIMPs vermutlich mit gewöhnlicher Materie in Wechselwirkung treten, unmittelbar auf ihre Existenz schließen. Obwohl man diese Wechselwirkung als sehr schwach annimmt, vermögen die WIMPs wegen ihrer beträchtlichen Masse eine ziemlich starke Wirkung auszuüben. Man plant Experimente in einem Salzbergwerk im Nordosten Englands und unter einem Staudamm nahe San Francisco, um streunende WIMPs einzufangen. Vorausgesetzt, daß das Universum von WIMPs nur so wimmelt, dann müßte ständig eine ungeheure Anzahl von ihnen durch uns (und die Erde) hindurchgehen. Man stelle sich nur vor, welches Geräusch ein WIMP auslöste, wenn es im Experiment auf einen Atomkern krachte!

Die Meßeinrichtung besteht aus einem Germanium- oder Silizium-Kristall, den ein Kühlsystem umgibt. Trifft in dem Kristall ein WIMP auf einen Atomkern, weicht dieser unter dem Anprall zurück. Dieser plötzliche Stoß erzeugt im Gitter des Kristalls eine winzige Schallwelle oder Schwingung. Während sie sich ausbreitet, wird sie gedämpft und in Wärmeenergie umgewandelt. Ziel des beschriebenen Experiments ist es, den winzigen Wärmestoß zu entdecken, der von der allmählich dahinschwindenden Schallwelle ausgeht. Da der Kristall auf eine Temperatur nahe dem absoluten Nullpunkt abgekühlt wird, reagiert die Meßeinrichtung auf einen noch so kleinen Betrag auftretender Wärmeenergie äußerst empfindlich.

Theoretiker vermuten, daß Galaxien eingetaucht sind in klumpenähnliche Schwärme von WIMPs, die sich ziemlich langsam bewegen und deren Massen jeden beliebigen Wert zwischen einer und tausend Protonenmassen aufweisen können, während ihre Geschwindigkeit bei einigen tausend Kilometern pro Sekunde liegen kann. Bei seinem Umlauf in der Galaxis zieht unser Sonnensystem durch dieses unsichtbare Meer, und jedes Kilogramm Materie auf der Erde könnte pro Tag bis zu tausend WIMPs verstreuen. Angesichts dieser hohen Zahl müßte es möglich sein, WIMPs unmittelbar nachzuweisen.

Noch während die Jagd nach den WIMPs weitergeht, beschäftigen sich Astronomen mit dem Problem, das All zu wägen. Auch wenn wir einen Körper nicht zu sehen (oder zu hören) vermögen, können die Auswirkungen seiner Anziehungskraft noch erkennbar sein. Beispielsweise geht die Entdeckung des Planeten Neptun darauf zurück, daß den Astronomen auffiel, wie die Gravitation eines unbekannten Körpers die Umlaufbahn des Uranus beeinflußte. Auch der schwach leuchtende weiße Riesenstern Sirius B, der den hellen Sirius umläuft, wurde auf diese Weise entdeckt. So können Astronomen, indem sie die Bewegung sichtbarer Objekte verfolgen, ein Bild unsichtbarer Materie schaffen. (Ich habe bereits erklärt, wie man mit Hilfe dieses Verfahrens auf den Gedanken gekommen ist, es gebe vielleicht in Cygnus X-1 ein Schwarzes Loch.)

Während der vergangenen zehn oder zwanzig Jahre hat man sorgfältig untersucht, auf welche Weise sich die Sterne in unserer Galaxis bewegen. Der Zeitrahmen ihres Umlaufs um die Mitte der Milchstraße beträgt im Normalfall mehr als zweihundert Millionen Jahre. Die Galaxis hat etwa die Gestalt einer Scheibe, nahe deren Mitte ein großer Sternenklumpen liegt. Mithin gibt es eine große Ähnlichkeit zum Sonnensystem, wo Planeten die Sonne umkreisen. Dort allerdings laufen die inneren Planeten wie Merkur und Venus schneller als die äußeren wie Uranus und Neptun, weil die Sonne eine stärkere Anziehungskraft auf sie ausübt. Man könnte annehmen, daß diese Regel auch für die Galaxis gilt: Die Sterne nahe dem äußeren Rand der Scheibe müßten sich weit langsamer bewegen als jene nahe der Mitte.

Die Beobachtungen sprechen allerdings dagegen. Sterne bewegen sich mit nahezu der gleichen Geschwindigkeit über die ganze Scheibe hinweg. Die Erklärung muß sein, daß sich die Masse der Galaxis nicht nahe der Mitte konzentriert, sondern mehr oder weniger gleichmäßig verteilt ist. Die Tatsache, daß sie so *aussieht*, als sei sie nahe der Mitte konzentriert, läßt darauf schließen, daß ihre leuchtende Materie nur ein Teil der Geschichte ist. Offenkundig gibt es eine Fülle dunkler oder unsichtbarer Materie, die sich großenteils in den äußeren Regionen der Scheibe befindet und die Sterne dort beschleunigt. Dabei könnte es sich sogar um große Mengen dunkler Materie jenseits des sichtbaren Randes und außerhalb der Ebene der leuchtenden Scheibe handeln, welche die Milchstraße in einen weit in den intergalaktischen Raum reichenden, unsichtbaren, massenreichen Ring hüllt. Ein ähnliches Bewegungsmuster läßt sich in anderen Galaxien beobachten. Messungen zeigen, daß deren sichtbare Regionen im allgemeinen mehr als zehnmal soviel Masse besitzen, als man aufgrund ihrer Helligkeit (im Vergleich mit der Sonne) annehmen könnte. Dies Verhältnis steigt in den äußersten Regionen bis auf das Fünftausendfache an.

Die gleiche Schlußfolgerung ergibt sich aus der Untersuchung der Bewegung von Galaxien innerhalb galaktischer Haufen. Offensichtlich kann eine Galaxie der Anziehungskraft des Haufens entfliehen, sofern sie sich schnell genug bewegt. Vorausgesetzt, alle Galaxien im Haufen bewegen sich mit dieser Geschwindigkeit, löst er sich bald auf. Einen aus mehreren hundert Galaxien bestehenden typischen Haufen, der sich im Sternbild Coma Berenices befindet, hat man gründlich untersucht. Die Durchschnittsgeschwindigkeit der Coma-Galaxien ist viel zu hoch, als daß der Haufen zusammenhalten könnte, es sei denn, es gäbe eine mindestens dreihundertmal so große Masse wie die, auf welche die leuchtende Materie schließen läßt. Da es lediglich rund eine Milliarde Jahre dauert, bis eine typische Galaxie den Coma-Haufen durchquert hat, hatte er reichlich Zeit, sich aufzulösen. Doch genau das ist nicht geschehen, und die Struktur des Coma-Haufens weist durchaus darauf hin, daß er durch Gravitation zusammengehalten wird. Dunkle Materie in irgendeiner Gestalt scheint sich in größeren Mengen dort zu befinden und die Bewegung der Galaxien zu beeinflussen.

Einen weiteren Hinweis auf unsichtbare Materie gewinnen wir bei der Untersuchung der in großem Maßstab gebauten Struktur des Universums. Damit ist die Art und Weise des Zusammenhalts von Galaxienhaufen und -superhaufen gemeint. Wie im dritten Kapitel erläutert, sind Galaxien um gewaltige Leerräume herum wie große Laken oder fadenförmig angeordnet, so daß man an Schaumgebilde denken muß. Eine solche schaumige Struktur hätte in der seit dem Urknall verfügbaren Zeit keinesfalls ohne die zusätzliche Anziehungskraft nichtleuchtender Materie entstehen können. Computersimulationen bis zu der Zeit, in der ich dieses Buch schrieb, waren jedoch nicht imstande, die beobachtete Schaumstruktur mit Hilfe irgendeiner einfachen Form dunkler Materie zu reproduzieren, und es ist möglich, daß dafür ein ganz kompliziertes Gemisch nötig ist.

Seit neuestem konzentriert sich die Aufmerksamkeit der Wissenschaft auf exotische Elementarteilchen, in denen man Kandidaten für dunkle Materie sieht, doch könnte sie auch in herkömmlicheren Formen wie beispielsweise in Massen von Planetengröße oder schwach leuchtenden Sternen existieren. Ganze Schwärme dieser dunklen Objekte könnten um uns herum durch den Raum ziehen, ohne daß wir etwas davon ahnten. Kürzlich haben Astronomen ein Verfahren entdeckt, mit dessen Hilfe unter Umständen ein Nachweis für die Existenz dunkler Körper möglich wäre, die nicht über die Gravitation in Beziehung zu sichtbaren Objekten stehen. Das Verfahren, bei dem man sich ein Ergebnis von Einsteins Allgemeiner Relativitätstheorie zunutze macht, wird als Gravitationslinse bezeichnet.

Dabei stützt man sich auf das Phänomen, daß die Schwerkraft Lichtstrahlen ablenken kann. Einstein hat vorausgesagt, daß der Lichtstrahl eines Sterns, der in der Nähe der Sonne vorübergeht, leicht gekrümmt wirkt, wodurch die offensichtliche Lage des Sterns am Himmel verschoben erscheint. Indem man die jeweilige Stellung des Sterns in Sonnennähe und Sonnenferne vergleicht, läßt sich die Voraussage überprüfen. Als erster hat das der britische Astronom Sir Arthur Eddington 1919 getan und Einsteins Theorie in brillanter Weise bestätigt.

Auch Linsen krümmen Lichtstrahlen und sind somit im-

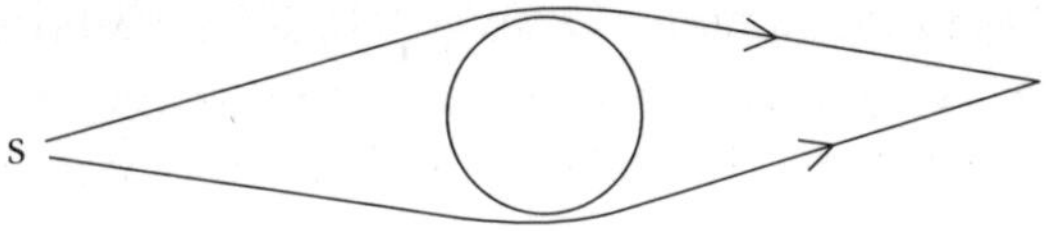

Abbildung 7: Eine Gravitationslinse. Die Schwerkraft des massereichen Körpers (Kreis) lenkt die von der fernen Quelle S kommenden Lichtstrahlen ab. In einem günstigen Fall entstünde dabei ein Brennpunkt. Ein darin befindlicher Beobachter nähme um den Körper herum einen Lichtkreis wahr.

stande, Licht in einem Punkt zu sammeln, um ein Bild entstehen zu lassen. Sofern ein massereicher Körper hinreichend symmetrisch ist, kann er eine Linse nachahmen und Licht aus einer fernen Quelle in einem Punkt sammeln. Abbildung 6.1 zeigt, wie das vor sich geht. Licht aus einer Quelle S fällt auf einen kugelförmigen Körper, dessen Schwerkraft es um sich herum krümmt und damit auf einen Brennpunkt auf der anderen Seite lenkt. Der Krümmungseffekt ist bei den meisten Objekten winzig, doch über astronomische Entfernungen hinweg ergibt sich schon aus einer leichten Krümmung des Lichtpfades zu guter Letzt ein Brennpunkt. Tritt der Körper zwischen die Erde und die ferne Quelle S, erscheint ein deutlich helleres Abbild von S. In Ausnahmefällen, in denen die Sichtlinie genau richtig verläuft, bildet es einen hellen Lichtkreis, der als Einsteinring bekannt ist. Bei Körpern von komplizierterer Gestalt würde diese Art Linse wohl statt eines einzelnen fokussierten Bildes Mehrfachbilder erzeugen. Astronomen haben im kosmologischen Maßstab eine ganze Anzahl von Gravitationslinsen entdeckt: Galaxien, die in nahezu vollkommener Ausrichtung zwischen der Erde und fernen Quasaren liegen, erzeugen Mehrfachbilder dieser Quasare und in einigen Fällen Bogen und vollständige Ringe von Quasarlicht.

Bei ihrer Suche nach dunklen Planeten und schwach leuchtenden Zwergsternen achten Astronomen auch auf verräterische Anzeichen von Linseneffekten, zu denen es käme, wenn ein solcher Körper unmittelbar zwischen die Erde und einen Stern geriete. Die Helligkeit des von diesem Stern gelieferten Abbildes würde in kennzeichnender Weise zu- und abnehmen, während der dunkle Körper die Sichtlinie kreuzt. Obwohl er selbst unsichtbar bliebe, könnte man aus der Linsenwirkung auf seine Anwesenheit schließen. Manche Astronomen nutzen dies Verfahren für die Suche nach dunklen Objekten im Halo der Milchstraße. Obwohl die Wahrscheinlichkeit einer genauen Ausrichtung mit einem fernen Stern unglaublich gering ist, müßte man eine Gravitationslinse beobachten können, wenn es dort draußen genug dunkle Objekte gäbe. Ende 1993 hat eine australisch-amerikanische Arbeitsgruppe, die vom Observatorium auf dem Mount Stromlo in Neu-Südwales aus Sterne in der Großen Magellanschen Wolke beobachtete, über etwas berichtet, was allem Anschein nach das erste eindeutige Beispiel für eine Gravitationslinse ist, die ein Zwergstern im Halo unserer Galaxis erzeugt hat.

Auch Schwarze Löcher können als Gravitationslinsen dienen, und man hat mit Hilfe extragalaktischer Radioquellen nach ihnen gesucht (Radiowellen werden auf die gleiche Weise gebrochen wie Lichtwellen). Bisher hat man nur wenige aussichtsreiche Kandidaten entdeckt, was zu der Annahme geführt hat, daß stellare oder aus galaktischer Masse gebildete Schwarze Löcher kaum für einen Großteil der dunklen Materie verantwortlich sein können.

Allerdings würde eine Untersuchung solcher Gravitationslinsen nicht alle Schwarzen Löcher sichtbar machen. Es ist möglich, daß die kurz nach dem Urknall herrschenden extremen Bedingungen die Bildung mikroskopisch kleiner Schwarzer Löcher begünstigt haben, die unter Umständen nicht größer sind als ein Atomkern. Die Masse solcher Objekte würde der eines Asteroiden entsprechen. Ein großer Teil dieser Masse ließe sich damit sehr wirksam verbergen und über das ganze Universum verteilen. Überraschenderweise ist es möglich, sogar diese sonderbaren Objekte durch Beobachtung zu erfassen.

Das hat mit dem Hawking-Effekt zu tun, der im siebten Kapitel ausführlich erläutert wird. Es ist, kurz gesagt, wahrscheinlich, daß mikroskopisch kleine Schwarze Löcher in einem Schauer elektrisch geladener Teilchen explodieren. Zu dieser Explosion kommt es nach einer bestimmten Zeit, die von der Größe des Lochs abhängig ist: Je kleiner das Schwarze Loch ist, desto früher explodiert es. Eines mit der Masse eines Asteroiden explodiert zehn Milliarden Jahre nach seiner Entstehung, das heißt: etwa zum gegenwärtigen Zeitpunkt. Eine Auswirkung einer solchen Explosion bestünde in der Erzeugung eines plötzlichen Impulses von Radiowellen, und so haben Radioastronomen ihre Beobachtungen angestellt. Bisher wurden allerdings keine solchen Impulse entdeckt, und man hat berechnet, daß pro Kubik-Lichtjahr Weltraum alle drei Millionen Jahre höchstens eine solche Explosion stattfinden kann. Das bedeutet, daß nur ein winziger Bruchteil der Masse des Alls die Gestalt mikroskopisch kleiner Schwarzer Löcher hat.

Insgesamt schwanken die Schätzungen über die Menge der dunklen Materie im Universum von einem Astronomen zum anderen. Höchstwahrscheinlich übertrifft die Quantität der dunklen die der leuchtenden Materie um mindestens das Zehnfache, und bisweilen wird für dies Verhältnis auch die Zahl hundert zu eins genannt. Es ist ein erstaunlicher Gedanke, daß die Astronomen nicht wissen, woraus der größte Teil des Universums besteht. Die Sterne, von denen sie lange annahmen, daß aus ihnen das Universum vorwiegend bestehe, machen in Wirklichkeit nur einen ziemlich kleinen Teil aus.

Die entscheidende Frage für die Kosmologie heißt, ob die Menge der dunklen Materie genügt, um der Ausdehnung des Universums Einhalt zu gebieten. Die mindeste Dichte der Materie, die diese Wirkung nur knapp verfehlte, wird als ›kritische Dichte‹ bezeichnet. Ihr Wert läßt sich etwa mit der hundertfachen Dichte der sichtbaren Materie berechnet. Dieser Betrag ist durchaus möglich, aber wohl nicht sehr wahrscheinlich. Hoffentlich liefert die Suche nach der dunklen Materie bald ein eindeutiges Ja oder Nein, denn davon hängt nichts Geringeres ab als das endgültige Schicksal des Universums.

Auf unser heutiges Wissen gestützt, sind wir nicht imstande zu sagen, ob die Ausdehnung des Universums für alle Zeiten weitergehen wird oder nicht. Sollte es eines Tages beginnen sich zusammenzuziehen, erhebt sich die Frage, wann das der Fall sein wird. Die Antwort aber hängt davon ab, um welchen Betrag das Gewicht des Universums das kritische Gewicht übersteigt. Liegt dieser ein Prozent über dem kritischen Gewicht, wird sich das Universum in etwa einer Billion Jahren zusammenzuziehen beginnen; liegt er um zehn Prozent darüber, setzt die Zusammenziehung bereits in hundert Milliarden Jahren ein.

Mittlerweile vertreten manche Theoretiker die Ansicht, das Gewicht des Universums lasse sich allein durch Berechnungen und ohne schwierig durchzuführende unmittelbare Beobachtungen ermitteln. Die Vorstellung, der Mensch könne ausschließlich durch die Kraft der Logik zu unfehlbaren, tiefen Erkenntnissen über den Kosmos gelangen, stützt sich auf eine Tradition, die bis zu den griechischen Philosophen der Antike zurückreicht. Im Zeitalter der Naturwissenschaft haben etliche Kosmologen den Versuch unternommen, mathematische Formeln zu entwickeln, aus denen sich die Masse des Universums als eine Größe ergibt, deren Wert sich auf bestimmte Prinzipien gründet. Besonders verlockend sind Systeme, welche die genaue Zahl der im Universum enthaltenen Teilchen im Sinne bestimmter Formeln der Numerologie festlegen. Von solchen am grünen Tisch erarbeiteten Lösungen, so faszinierend sie auch sein mögen, wollen allerdings die meisten Wissenschaftler nichts wissen. In jüngeren Jahren hat sich jedoch eine überzeugende Theorie durchgesetzt, die klare Voraussagen über die Masse des Universums macht. Dabei handelt es sich um die im dritten Kapitel diskutierte Vorstellung von der Inflation (Aufblähung) des Universums.

Eine der Voraussagen dieser Theorie betrifft die Menge der

im Universum enthaltenen Materie. Nehmen wir an, es habe mit einer Massendichte begonnen, die weit größer oder kleiner als der kritische Wert war, bei welchem der Zusammenbruch gerade noch verhindert wird. Tritt das Universum in die Aufblähungsphase ein, verändert sich die Dichte schlagartig, und die Theorie sagt auch voraus, daß sie rasch den kritischen Wert erreicht. Je länger sich das All aufbläht, desto mehr nähert sich die Dichte dem kritischen Wert an. In der Standardversion der Theorie dauert die Aufblähung nur eine sehr kurze Zeit, und so wird das Universum, wenn es nicht durch ein Wunder genau mit der kritischen Dichte begonnen hat, am Ende dieser Phase einen Dichtewert aufweisen, der ein wenig über oder unter dem kritischen Wert liegt.

Es nähert sich jedoch während der Aufblähung der kritischen Dichte mit *exponentieller* Geschwindigkeit, so daß deren Endwert wahrscheinlich auch dann äußerst dicht am kritischen Wert liegt, wenn der Aufblähungszeitraum nur einen winzigen Sekundenbruchteil ausmacht. ›Exponentiell‹ bedeutet hier, daß sich der Zeitraum zwischen dem Urknall und dem Einsetzen der Zusammenziehung für jeden zusätzlichen Augenblick, den die Aufblähung dauert, annähernd verdoppelt. Wenn also eine Inflationsdauer von 100 Augenblicken 100 Milliarden Jahre später zur Zusammenziehung führt, würden 101 Augenblicke bedeuten, daß diese 200 Milliarden Jahre später einsetzt, während 110 Augenblicke einem Beginn der Zusammenziehung nach 28 Billionen Jahren entsprächen – und so weiter.

Wie lange hat die Aufblähung gedauert? Das weiß niemand. Doch damit die Theorie die zahlreichen von mir beschriebenen kosmologischen Rätsel sinnvoll erklären kann, muß sie eine gewisse Mindestzahl von Augenblicken dauern (annähernd hundert; doch ist die Zahl ziemlich dehnbar). Eine Obergrenze gibt es nicht. Wenn also das Universum nicht durch irgendeinen außergewöhnlichen Zufall um lediglich den Mindestwert aufgebläht wird, der nötig ist, unsere gegenwärtigen Beobachtungen zu erklären, könnte die Dichte im Anschluß an die Aufblähung nach wie vor beträchtlich über (oder unter) dem kritischen Wert liegen. In diesem Fall müßte man anhand künftiger Beobachtungen den Zeitraum der Zusammenziehung bestimmen oder erkennen können, daß es keine geben wird. Wahrscheinlicher ist, daß die Dauer der Aufblähung sehr viel mehr Augenblicke über dem Mindestwert lag, wobei sich eine Dichte ergab, die sich überaus nahe am kritischen Wert befand. Das bedeutet, daß das Universum, falls es sich tatsächlich zusammenzieht, dies noch sehr lange nicht tun wird – nämlich erst in einem Zeitraum, der sein gegenwärtiges Alter um ein Vielfaches übertrifft. Wenn das der Fall ist, wird der Mensch das Schicksal des Universums, das er bewohnt, nie erfahren.

Ewig ist eine lange Zeit

Wesentlich für den Begriff ›unendlich‹ ist, daß er nicht einfach gleichbedeutend ist mit einer sehr großen Zahl. Unendlichkeit unterscheidet sich qualitativ von etwas, das lediglich gewaltig, unvorstellbar riesig ist. Nehmen wir an, das Universum würde sich ewig ausdehnen, so daß es kein Ende hätte. Würde es in alle Ewigkeit fortbestehen, wäre seine Lebensdauer unendlich. In dem Fall müßte jeder denkbare physikalische Prozeß irgendwann stattfinden, und wäre er noch so langsam oder unwahrscheinlich, so wie ein Affe, der für alle Zeiten mit einer Schreibmaschine herumspielt, schließlich Shakespeares Werke darauf schreiben würde.

Ein gutes Beispiel liefert das im fünften Kapitel behandelte Phänomen der Aussendung von Gravitationswellen. Nur bei äußerst heftig ablaufenden astronomischen Prozessen führt Energieabgabe in Gestalt von Gravitationsstrahlung zu auffälligen Veränderungen. Die Aussendung von etwa einem tausendstel Watt aufgrund des Umlaufs der Erde um die Sonne wirkt sich in kaum meßbarer Weise auf die Erdbewegung aus. Doch selbst eine solche Energieabgabe von einem Milliwatt würde über Billionen und Aberbillionen Jahren hinweg schließlich dafür sorgen, daß die Erde auf einer spiralförmigen Bahn in die Sonne ›fiele‹. Freilich muß man annehmen, daß sie weit davor von der Sonne ›geschluckt‹ würde. Doch soll damit gezeigt werden, daß Prozesse, die im menschlichen Zeitrahmen unerheblich sind, schließlich, wenn sie über eine lange Zeit stattfinden, ein Übergewicht bekommen und dann dazu führen können, das Schicksal zu besiegeln, das physikalischen Systemen letztlich bevorsteht.

Stellen wir uns einmal vor, wie das Universum in sehr, sehr ferner Zukunft aussieht – sagen wir, in einer Billion Billion Jahre. Die Sterne sind längst ausgebrannt; im All herrscht Finsternis. Aber leer ist es nicht. Inmitten der schwarzen Weite des Raums lauern rotierende Schwarze Löcher, vereinzelte Neutronensterne und schwarze Zwerge – sogar noch einige Planeten. Zu dieser Zeit ist die Dichte solcher Objekte im Universum äußerst gering: Das Universum hat sich auf die zehntausendbillionenfache Größe des heutigen Wertes ausgedehnt.

Die Schwerkraft würde einen seltsamen Kampf führen. Das sich ausdehnende Universum bemüht sich, jedes Objekt weiter von seinen Nachbarn fortzuziehen. Dem aber leistet die gegenseitige Anziehung durch die Gravitation Widerstand und versucht die Körper zueinander zu führen. Als Ergebnis bleiben bestimmte Ansammlungen von Himmelskörpern – beispielsweise Galaxienhaufen oder was nach Äonen des strukturellen Niedergangs als Galaxien gelten mag. Zwar sind sie durch die Gravitation aneinander gebunden, doch treiben sie immer weiter von benachbarten Gestirnsansammlungen fort. Was letzten Endes bei diesem Tauziehen herauskommt, hängt davon ab, in welchem Maße sich die Ausdehnungsgeschwindigkeit verlangsamt. Je geringer die Dichte der Materie im Universum ist, desto mehr werden diese Ansammlungen von Himmelskörpern »ermutigt«, sich von ihren Nachbarn zu lösen und sich frei und unabhängig zu bewegen.

In einem durch Gravitation gebundenen System üben die langsam, aber erbarmungslosen Prozesse der Schwerkraft ihre Dominanz aus. Die Aussendung von Gravitationswellen, wie gering auch immer sie sein mag, beraubt das System in heimtückischer Weise seiner Energie und führt zu einer langsam ablaufenden Spirale des Todes. Ganz allmählich nähern sich tote Sterne anderen toten Sternen oder Schwarzen Löchern und verschmelzen in einer sich lange hinziehenden Orgie des Kannibalismus mit ihnen. Es wird eine Billion Billion Jahre dauern, bis Gravitationswellen die Sonne so weit aus ihrer Umlaufbahn abgelenkt haben, daß sie als ausgebrannter schwarzer Zwerg still dem Zentrum der Galaxis entgegentreibt, wo ein riesiges Schwarzes Loch darauf wartet, sie zu verschlingen.

Allerdings ist keineswegs sicher, daß die tote Sonne ihr Ende auf diese Weise erleben wird, denn während sie langsam in die Galaxis hineintreibt, begegnet sie von Zeit zu Zeit anderen Sternen. Manchmal wird sie dicht an einem Doppelsternsystem vorüberkommen – an zwei in enger, von der Gravitation bewirkter Umarmung verschlungenen Sterne. In einem solchen Fall kommt es zu einer sonderbaren Erscheinung, die als ›Gravitationsschleuder‹ bekannt ist. Die Bewegung zweier Körper auf ihrer Umlaufbahn umeinander ist von klassischer Einfachheit. Genau dieses Problem beschäftigte – in Gestalt eines Planeten, der um die Sonne lief – Kepler und Newton und führte zur Geburt der modernen Naturwissenschaft. Unter idealen Bedingungen und ungeachtet der Gravitationsstrahlung, ist die Bewegung des Planeten regelmäßig und periodisch. Ganz gleich, wie lange man ihn beobachtet, er folgt unbeirrt seiner Umlaufbahn. Die Lage ändert sich jedoch grundlegend, sobald ein dritter Himmelskörper ins Spiel kommt – wenn beispielsweise ein Stern und zwei Planeten oder drei Sterne aufeinandertreffen. Dann ist die Bewegung nicht mehr einfach und periodisch. Das Muster der zwischen diesen drei Körpern herrschenden wechselseitig wirkenden Kräfte ändert sich immer wieder in komplizierter Weise, was dazu führt, daß die Energie des Systems zwischen den Beteiligten nicht gleichmäßig aufgeteilt wird, selbst wenn es sich dabei um identische Körper handelt. Statt dessen kommt es zu einem komplizierten Tanz, bei dem abwechselnd einer von den dreien den Löwenanteil der Energie besitzt. Über lange Zeiträume hinweg kann sich das System sehr willkürlich verhalten; tatsächlich liefert die Gravitationsdynamik dreier Körper ein gutes Beispiel für ein sogenanntes chaotisches System. Es kann durchaus geschehen, daß zwei der Körper »gemeinsame Sache machen« und dem dritten einen so großen Teil der verfügbaren Energie übertragen, daß er wie mit einer Steinschleuder gänzlich aus dem System hinausgestoßen wird. Daher kommt der Begriff ›Gravitationsschleuder‹.

Dieser Schleuder-Mechanismus kann Sterne aus Sternenhaufen und sogar aus einer Galaxie hinausschießen. In ferner Zukunft wird die große Mehrheit toter Sterne, Planeten und Schwarzer Löcher auf diese Weise in den intergalaktischen Raum gelangen. Vielleicht stoßen sie dort auf eine andere zerfallende Galaxie oder ziehen für alle Zeiten in der sich weit ausdehnenden Leere dahin. Doch läuft ein solcher Prozeß langsam ab: Bis diese Auflösung vollendet ist, wird eine Zeit vergehen, die dem Milliardenfachen des gegenwärtigen Alters des Universums entspricht. Die verbleibenden prozentual wenigen Objekte werden hingegen zu den Zentren der Galaxien wandern und sich dort zu gewaltigen Schwarzen Löchern zusammenschließen.

Wie im fünften Kapitel erklärt, verfügen Astronomen über brauchbare Belege, daß in der Mitte mancher Galaxien bereits gewaltige Schwarze Löcher existieren, die herumwirbelnde Gase gierig einsaugen und in der Folge ungeheure Energiemengen freisetzen. Das Schicksal, auf diese Weise aufgefressen zu werden, erwartet im Laufe der Zeit die meisten Galaxien. Dieser Prozeß wird andauern, bis die Materie um das Schwarze Loch herum entweder vollständig eingesogen oder herausgeschleudert worden ist, möglicherweise, um später wieder hineinzufallen oder Teil der immer mehr abnehmenden Menge an intergalaktischen Gasen zu werden. Anschließend verhält sich das aufgeblähte Schwarze Loch ruhig, nur gelegentlich wird ein umherziehender Neutronenstern oder ein kleines Schwarzes

Loch hineinrutschen. Das allerdings ist nicht das Ende der Geschichte des Schwarzen Loches. Stephen Hawking hat 1974 entdeckt, daß Schwarze Löcher immerhin nicht vollständig schwarz sind, sondern eine ganz schwache Wärmestrahlung aussenden.

Wirklich verstehen läßt sich dieser Hawking-Effekt ausschließlich mit Hilfe der Quanten-Feldtheorie, dem sehr schwierigen Teilgebiet der Physik, auf das ich schon im Zusammenhang mit der Theorie von dem sich aufblähenden Universum hingewiesen habe. Erinnern wir uns daran, daß Heisenbergs Unschärferelation ein zentraler Grundsatz der Quantentheorie ist, der zufolge Quantenteilchen keine für alle Merkmale genau definierten Werte besitzen. Beispielsweise kann ein Photon oder Elektron keinen festen Wert für seine Energie in einem bestimmten Augenblick haben. Tatsächlich kann ein Elementarteilchen sich Energie ›leihen‹, solange es das Darlehen unverzüglich zurückzahlt.

Wie bereits im dritten Kapitel erwähnt, zeigt diese Unsicherheit in bezug auf die Energie einige sonderbare Wirkungen, wie beispielsweise die, daß kurzlebige oder virtuelle Teilchen in einem allem Anschein nach leeren Raum auftreten können. Das führt zu dem sonderbaren Begriff ›Quatenvakuum‹ – ein Vakuum, das alles andere als leer und träge ist und in dem es von virtuellen Teilchen nur so wimmelt. Auch wenn diese Aktivität gewöhnlich unbemerkt bleibt, kann sie sich physikalisch auswirken. Dazu kommt es, wenn die Anwesenheit eines Gravitationsfeldes die Aktivitäten im ›Vakuum‹ beeinflußt.

Mit einem Extremfall haben wir es bei den virtuellen Teilchen zu tun, die nahe dem Ereignishorizont eines Schwarzen Lochs auftreten. Man denke daran, daß sie von geborgter Energie nur sehr kurz leben, dann muß das Energiedarlehen zurückgezahlt werden, und sie verschwinden. Fließt ihnen aber aus irgendwelchen Gründen während der kurzen ihnen zugemessenen Frist eine hinreichend große Energiespende von einer äußeren Quelle zu, können sie ihre Schuld tilgen, ohne als

Gegenleistung dafür verschwinden zu müssen. Mithin werden aus diesen virtuellen Teilchen aufgrund der Spende gewöhnliche Teilchen, die imstande sind, ein mehr oder weniger dauerhaftes Leben zu führen.

Zu einer solchen ›Spendenaktion‹ kommt es laut Hawking in der Nähe eines Schwarzen Lochs, und der ›edle Spender‹, der die erforderliche Energie liefert, ist dessen Gravitationsfeld. Der Vorgang läuft wie folgt ab: Virtuelle Teilchen entstehen gewöhnlich in Paaren, die sich in entgegengesetzter Richtung bewegen. Man stelle sich ein solches Paar frisch eingetroffener Teilchen unmittelbar außerhalb des Ereignishorizonts vor. Nehmen wir an, sie bewegten sich so, daß eins von ihnen durch den Ereignishorizont in das Schwarze Loch fällt. Dabei nimmt es von der starken Gravitation des Schwarzen Lochs Energie in großer Menge auf. Diese Energiespende genügt, wie Hawking entdeckte, um das Darlehen vollständig zurückzuzahlen und aus dem hineingefallenen Teilchen wie aus seinem Gefährten – der sich nach wir vor außerhalb des Ereignishorizontes befindet – gewöhnliche Teilchen zu machen. Das Schicksal des letzteren steht jetzt auf des Messers Schneide. Auch das draußen vor dem Ereignishorizont zurückgelassene Teilchen kann am Ende in das Loch gesogen werden, doch ebenso kann es mit hoher Geschwindigkeit davonfliegen und ihm gänzlich entkommen. Hawking sagt voraus, daß es einen ständigen Strom dieser Flüchtlinge geben müsse, die aus der Nähe des Schwarzen Lochs in den Weltraum strömen und das bilden, was man inzwischen als ›Hawking-Strahlung‹ kennt.

Am stärksten würde sich dieser Hawking-Effekt bei mikroskopisch kleinen Schwarzen Löchern äußern. Da unter normalen Bedingungen ein virtuelles Elektron beispielsweise höchstens 10^{-11} Zentimeter zurückzulegen vermag, bevor das Darlehen zurückgefordert wird, können nur Schwarze Löcher einen Strom von Elektronen erzeugen, die kleiner sind als dieser Wert (das heißt, sie haben in etwa die Abmessungen eines Atomkerns). Wäre das Loch größer, bliebe den meisten virtuellen

Elektronen gar nicht genug Zeit, um den Ereignishorizont zu überwinden, bevor sie ihr Darlehen zurückzahlen müssen.

Welche Entfernung ein virtuelles Teilchen zurücklegen kann, hängt von seiner Lebensdauer ab, und diese wiederum – entsprechend der Heisenbergschen Unschärferelation – vom Ausmaß des Energiedarlehens. Je größer das Darlehen ist, um so kürzer das Leben des Teilchens. Ein wichtiger Bestandteil dieses Darlehens ist die Ruheenergie des Teilchens, und es muß im Falle eines Elektrons mindestens deren Wert aufweisen. Teilchen mit einer größeren Ruhemasse – beispielsweise Protonen –, bei denen das Darlehen höher und somit deren Lebensdauer kürzer wäre, könnten nur eine kürzere Strecke bewältigen. So erfordert die Erzeugung von Protonen durch den Hawking-Effekt ein Schwarzes Loch, das noch kleiner ist als ein Atomkern. Auf der anderen Seite würde ein Schwarzes Loch, dessen Ausmaße größer wäre als die eines Atomkerns, Teilchen mit einer geringeren Ruhemasse erzeugen, als Elektronen sie aufweisen – beispielsweise Neutrinos. Da die Ruhemasse von Photonen Null beträgt, können sie von einem Schwarzen Loch beliebiger Größe erzeugt werden. Selbst ein Schwarzes Loch von einer Sonnenmasse sendet, entsprechend Hawkings Vorstellung, einen Strom von Photonen und möglicherweise auch einen solchen von Neutrinos aus; doch wäre dessen Intensität in diesen Fällen äußerst schwach.

›Schwach‹ ist hier keinesfalls übertrieben. Hawking ist zu dem Ergebnis gekommen, daß das von einem Schwarzen Loch erzeugte Energiespektrum dem von einem heißen Körper abgestrahlten entspricht, und so liefert die Temperatur eine Möglichkeit, die Stärke des Hawking-Effekts auszudrücken. Sie hat bei einem Loch von der Größe eines Atomkerns (10^{-13} Zentimeter Durchmesser) den beachtlichen Wert von etwa zehn Milliarden Grad. Bei einem Schwarzen Loch mit dem Gewicht einer Sonnenmasse, dessen Durchmesser mehr als einen Kilometer ausmacht, beträgt sie weniger als ein zehnmillionstel Kelvin (Grad über dem absoluten Nullpunkt). Das gesamte

Objekt gäbe im Höchstfall ein milliardstel milliardstel milliardstel Watt an Hawking-Strahlung ab.

Eine der Sonderbarkeiten des Hawking-Effekts besteht darin, daß die Temperatur der Strahlung mit einer Verminderung der Masse des Schwarzen Lochs zunimmt. Das bedeutet, daß kleine Schwarze Löcher eine höhere Temperatur haben als große. Durch seine Strahlung büßt ein solches Loch Energie, also Masse ein, womit es kleiner wird. Folglich erwärmt es sich immer mehr und strahlt immer heftiger, was dazu führt, daß es noch schneller schrumpft. Der Prozeß ist seinem Wesen nach instabil und beschleunigt sich schließlich immer mehr, so daß das Schwarze Loch immer schneller Energie abstrahlt und kleiner wird.

Der Hawking-Effekt sagt voraus, daß schließlich alle Schwarzen Löcher in einem Strahlungsblitz verschwinden werden. Die letzten Augenblicke würden spektakulär sein – etwa so wie bei der Zündung einer gewaltigen Atombombe. Auf einen kurzen Blitz intensiver Wärmeenergie folgte dann – nichts. Zumindest der Theorie nach. Doch manchen Physikern behagt die Vorstellung nicht, daß durch den Zusammenbruch eines materiellen Objekts ein Schwarzes Loch entstehen soll, das seinerseits verschwindet und nichts als Wärmestrahlung hinterläßt. Der Gedanke beunruhigt sie, daß zwei verschiedene Objekte schließlich identische Wäremestrahlung erzeugen könnten, ohne Information über die ursprüngliche Beschaffenheit [Information ist in diesem Zusammenhang sehr abstrakt zu verstehen]. Ein solches Verschwinden spricht allen von der Naturwissenschaft so hochgehaltenen Gesetzen der Erhaltung Hohn. Mithin hat man als Alternative vorgeschlagen, das verschwindende Loch hinterlasse einen winzigen Rest, der irgendwie ungeheure Mengen an Information enthält. Wie auch immer sich das verhalten mag, der weitaus größte Teil der Masse des Lochs wird in Form von Wärme und Licht abgestrahlt.

Der Hawking-Prozeß läuft mit nahezu unvorstellbarer Langsamkeit ab. Bis zum Verschwinden eines Schwarzen Lochs mit einer Sonnenmasse würden 10^{66} Jahre vergehen, während dieser Prozeß bei einem Loch mit einer äußerst großen Masse wohl eher 10^{93} Jahre dauern würde. Außerdem würde er erst einsetzen, sobald die Hintergrundtemperatur des Universums unter die des Schwarzen Lochs gefallen wäre, weil sonst aus dem umgebenden Universum mehr Wärme in das Loch hineinfließen würde als über den Hawking-Effekt aus ihm herauskäme. Die Temperatur der vom Urknall übriggebliebenen kosmischen Hintergrundstrahlung beträgt gegenwärtig etwa drei Kelvin, und es würde 10^{22} Jahre dauern, bis sie sich so weit abgekühlt hat, daß es bei Schwarzen Löchern von der Größe einer Sonnenmasse zu einem Netto-Wärmeverlust käme. So gibt es keine Möglichkeit, daß wir den Hawking-Prozeß beobachten könnten.

Doch ›ewig‹ ist eine lange Zeit, und in ihrem Verlauf dürften schließlich alle Schwarzen Löcher – selbst die größten – verschwinden. Im Augenblick ihres Todes werden sie in der finsteren Schwärze der nie endenden kosmischen Nacht kurz aufleuchten, ein flüchtiger Grabspruch für die einstige Existenz einer Milliarde strahlender Sonnen.

Und was bleibt?

Nicht alle Materie fällt in Schwarze Löcher. Wir müssen noch an die Neutronensterne, die schwarzen Zwerge und die übriggebliebenen Planeten denken, die ziellos durch die Weiten des intergalaktischen Raumes ziehen, ganz zu schweigen von dem Gas und Staub, die sich nie zu Sternen zusammengeballt haben, aber auch an die Asteroiden, Kometen, Meteoriten und verschiedenen Gesteinsbrocken, welche die Sternensysteme durchsetzen. Wird all das auf ewig Bestand haben?

Hier geraten wir in Schwierigkeiten mit der Theorie. Wir müssen wissen, ob gewöhnliche Materie – der Stoff, aus dem wir und der Planet Erde bestehen – absolut stabil ist. Der letzte Schlüssel zur Zukunft liegt in der Quantenmechanik. Obwohl Quantenprozesse gewöhnlich mit atomaren und noch kleineren Systemen in Verbindung gebracht werden, müßten die

Gesetze der Quantenphysik auf alles Anwendung finden, einschließlich makroskopischer Körper. Quanteneffekte wirken sich bei großen Objekten nur in außergewöhnlich geringem Umfang aus, könnten aber über gewaltige Zeiträume hinweg doch zu größeren Veränderungen führen.

Unsicherheit und Wahrscheinlichkeit sind die ›Markenzeichen‹ der Quantenphysik. Nur eines ist im Reich der Quanten sicher, nämlich, daß nichts sicher ist. Das heißt, daß jeder Prozeß, der überhaupt möglich ist, schließlich auch stattfindet, wie unsicher auch immer er sein mag – vorausgesetzt, es steht genug Zeit zur Verfügung. Wir haben Gelegenheit, diese Gesetzmäßigkeit im Fall der Radioaktivität zu beobachten. Ein Kern von Uran-238 (^{238}U) ist nahezu vollständig stabil. Allerdings besteht eine winzige Möglichkeit, daß er unter Aussendung eines Alphateilchens zu Thorium zerfällt. Genau gesagt, gibt es eine gewisse, sehr geringe Wahrscheinlichkeit pro Zeiteinheit, daß ein bestimmter Urankern zerfällt. Im Durchschnitt dauert es bis dahin etwa viereinhalb Milliarden Jahre, doch weil die Gesetze der Physik eine feste Wahrscheinlichkeit pro Zeiteinheit vorschreiben, wird irgendwann jeder Urankern zerfallen.

Zum radioaktiven Alphazerfall kommt es, weil in bezug auf die Lage der Protonen und Neutronen, aus denen der Kern eines Uranatoms besteht, eine geringe Unsicherheit besteht. Denn es besteht eine – wenn auch geringe Wahrscheinlichkeit, daß sich ein Bündel dieser Teilchen vorübergehend *außerhalb* des Atomkerns befindet, von wo sie rasch weggeschleudert werden. Ähnlich gibt es, was die genaue Lage eines Atoms in einem Festkörper betrifft, eine Unsicherheit. Sie ist zwar noch geringer, hat aber keinesfalls den Wert Null. Beispielsweise bleibt ein Kohlenstoffatom in einem Diamanten an einer genau festgelegten Stelle im Kristallgitter. Diese Lage wäre bei den Temperaturen nahe dem absoluten Nullpunkt, die für die ferne Zukunft des Universums zu erwarten ist, äußerst – aber eben nicht völlig – stabil. Stets gibt es eine winzige Unsicherheit bezüglich der Lage eines Atoms, so daß eine winzige Wahrscheinlichkeit besteht, daß es seinen Platz im Gitter spontan verlassen und irgendwo anders wieder auftauchen wird. Aufgrund solcher Wanderungsvorgänge ist keine Materie wirklich fest – nicht einmal eine Substanz von der Härte eines Diamanten. In Wahrheit ähnelt die allem Anschein nach feste Materie einer äußerst viskosen Flüssigkeit und kann über unendliche Zeiträume hinweg aufgrund quantenmechanischer Vorgänge fließen. Von dem theoretischen Physiker Freemann Dyson stammt die Schätzung, daß nach etwa 10^{65} Jahren nicht nur jeder kunstvoll geschliffene Diamant die Gestalt einer kugelförmigen Perle haben wird, sondern auch jeder Gesteinsbrocken die Gestalt einer glatten Kugel annimmt.

Die Lage-Unsicherheit könnte sogar zu Umwandlungen von Atomkernen führen. Nehmen wir beispielsweise zwei benachbarte Kohlenstoffatome im Kristallgitter eines Diamanten. In äußerst seltenen Fällen sorgt die spontane Lageveränderung eines solchen Atoms dafür, daß sein Kern von einem Augenblick auf den anderen unmittelbar neben dem seines Nachbarn auftaucht. Nukleare Anziehungskräfte können dann bewirken, daß beide zu einem Magnesiumkern verschmelzen. Mithin bedarf es für die Kernverschmelzung keinesweg sehr hoher Temperaturen: Auch eine Verschmelzung auf kaltem Wege ist möglich, nur dauert sie unvorstellbar lange. Dysons Schätzung nach wird sich die gesamte Materie nach 10^{1500}(d. h., eine Eins mit 1500 Nullen!) Jahren auf diese Weise in die stabilsten aller Atomkerne verwandelt haben, nämlich die des Elements Eisen.

Allerdings existiert nukleare Materie möglicherweise gar nicht so lange, was auf rasche, aber immer noch unglaublich langsam ablaufende Umwandlungsprozesse zurückgeht. Dysons Schätzung setzt voraus, daß Protonen (und in Kernen befindliche Neutronen) *absolut* stabil sind. Mit anderen Worten, ein Proton existiert, wenn es nicht in das Schwarze Loch fällt und auch sonst nicht weiter beeinflußt wird, für alle Zeiten. Aber dürfen wir dessen sicher sein? Während meiner Studentenzeit zweifelte niemand daran – Protonen lebten ewig. Man hielt sie für vollständig stabile Teilchen. Doch gab es dabei stets einen nagenden Zweifel. Die Schwierigkeit hängt mit der Existenz eines als Positron bezeichneten Teilchens zusammen, das in jeder Hinsicht mit dem Elektron identisch ist, außer daß es wie das Proton eine positive Ladung trägt. Da Positronen sehr viel leichter sind als Protonen, würden sich diese, wenn keine anderen Faktoren einwirkten, am liebsten in Positronen verwandeln. (Es gehört zu den wichtigen Grundsätzen der Physik, daß physikalische Systeme nach dem Zustand der niedrigsten Energie streben, und geringe Masse ist gleichbedeutend mit geringer Energie.) Natürlich konnte man nicht hergehen und sagen: Warum tun die Protonen das nicht einfach? Daher haben die Physiker angenommen, es gebe ein Naturgesetz, das dem im Wege steht. Bis vor kurzem hat man diese Angelegenheit nicht besonders gut verstanden, doch hat sich gegen Ende der siebziger Jahre ein klareres Bild von der Art und Weise abgezeichnet, wie Nuklearkräfte Teilchen dazu veranlassen, sich auf quantenmechanischem Wege in andere zu verwandeln. In den jüngsten Theorien findet sich ein ganz natürlicher Platz für das Gesetz, das den Protonenzerfall untersagt; doch sagen die meisten dieser Theorien ebenfalls voraus, daß dieses Gesetz nicht unter allen Umständen gilt. Es könnte eine *äußerst* geringe Wahrscheinlichkeit dafür bestehen, daß sich ein bestimmtes Proton doch in ein Positron verwandelt. Von der verbleibenden Masse wird vorausgesagt, daß sie teils in Gestalt eines elektrisch neutralen Teilchens – beispielsweise als sogenanntes Pion – und teils in Form von Bewegungsenergie austritt (die Zerfallsprodukte würden hohe Geschwindigkeiten aufweisen).

In einem der einfachsten theoretischen Modelle wird die für den Zerfall eines Protons erforderliche Zeit mit durchschnittlich 10^{28} Jahren angesetzt – eine Milliarde Milliarde mal länger als das gegenwärtige Alter des Universums. Daher kann man sich vorstellen, daß die Frage des Protonenzerfalls weiterhin Gegenstand rein akademischer Spekulation bleibt. Aber man sollte sich erinnern, daß der Prozeß nach den Gesetzen der Quantenmechnik abläuft und daher auch den Regeln der Wahrscheinlichkeitsrechnung gehorcht: Die vorausgesagte durchschnittliche Lebensdauer beträgt 10^{28} Jahre – das aber ist nicht die tatsächliche Lebensdauer eines jeden Protons. Vorausgesetzt, es gibt genug davon, so besteht alle Aussicht, daß vor unseren Augen eines zerfällt. Angenommen, es gebe 10^{28} Protonen, dann dürfte man etwa einen Zerfall pro Jahr erwarten – und diese 10^{28} Protonen sind in bloßen zehn Kilo Materie enthalten.

Zufällig hatte man mit Hilfe eines Experiments diese Lebensdauer der Protonen bereits ausgeschlossen, bevor die Theorie allgemeine Verbreitung fand. Allerdings sprachen unterschiedliche Fassungen der Theorie von längeren Lebenszeiten. Die eine setzte 10^{30} Jahre an, die andere 10^{32}, und es gab sogar noch höhere Werte (manche Theorien sprechen immerhin von 10^{80} Jahren). Die geringeren Werte liegen am Rande der experimentellen Überprüfbarkeit. Beispielsweise würde eine Zerfallszeit von 10^{32} Jahren bedeuten, daß man während seines ganzen Lebens auf diese Weise ein oder zwei Protonen aus dem eigenen Körper einbüßt. Wie aber will man solch seltenen Ergebnissen auf die Spur kommen?

Man hat Tausende von Tonnen Materie zusammengetragen und sie über viele Monate mit empfindlichen Meßvorrichtungen beobachtet, die auf die Produkte eines Protonenzerfalls ansprachen. Leider geht es mit der Suche nach Protonen wie mit der nach einer Stecknadel im Heuhaufen, da eine weit größere Anzahl ähnlicher Ereignisse, die auf die Erzeugnisse kosmischer Strahlung zurückgehen, solche Zerfallsprozesse verdekken. Beständig bombardieren Teilchen hoher Energie aus dem Weltraum die Erde und sorgen dafür, daß es stets einen Hintergrund aus allen möglichen Zerfallsprodukten von subatomarer Größe gibt. Um den Einfluß solcher Beeinträchtigungen zu verringern, müssen die Versuche tief unter der Erdoberfläche durchgeführt werden.

Einer von ihnen fand in etwa einem Kilometer Tiefe in einem Salzbergwerk nahe Cleveland im Staat Ohio statt. Die Versuchsanordnung bestand aus 10 000 Tonnen äußerst reinem Wasser in einem kubischen Tank, den Meßeinrichtungen umgaben. Für Wasser hatte man sich wegen seiner Durchsichtigkeit entschieden, konnten doch auf diese Weise die Meßeinrichtungen möglichst viele Protonen zur gleichen Zeit ›sehen‹. Hinter dem Experiment stand folgende These: Wenn ein Proton auf die von den gängigen Theorien erwartete Weise zerfällt, dann erzeugt es, wie oben erklärt, neben einem Positron ein elektrisch neutrales Pion. Dieses wiederum zerfällt rasch, gewöhnlich in zwei äußerst energiereiche Photonen oder Gammastrahlen. Diese treffen schließlich auf Kerne im Wasser, wobei jeder von ihnen ein Elektron-Positron-Paar erzeugt, das gleichfalls sehr energiereich ist. Tatsächlich wäre der Energiegehalt dieser sekundären Elektronen und Positronen so groß, daß sie sich sogar im Wasser nahezu mit Lichtgeschwindigkeit fortbewegen würden.

Die Lichtgeschwindigkeit – 300 000 Kilometer pro Sekunde im Vakuum – ist zugleich die Grenzgeschwindigkeit, mit der sich ein Teilchen fortbewegen kann. Das Wasser nun verzögert das Licht auf etwa 230 000 Kilometer pro Sekunde. Daher bewegt sich ein schnelles Elementarteilchen, das im Wasser eine Geschwindigkeit von nahezu 300 000 Kilometern pro Sekunde erreicht, in Wirklichkeit schneller als das Licht *im Wasser*. Ähnlich wie ein Flugzeug das die Schallgeschwindigkeit überschreitet, beim Durchbrechen der Schallmauer einen ›Überschallknall‹ erzeugt, schiebt das sich im Wasser bewegende Teilchen eine deutlich erkennbare elektromagnetische ›Kopfwelle‹ vor sich her, die nach ihrem russischen Entdecker Tscherenkow-Strahlung genannt wird. Also haben die Experimentatoren in Ohio eine Ansammlung lichtempfindlicher Meßgeräte aufgestellt, deren Aufgabe es war, nach dem Aufblitzen solcher Tscherenkow-Strahlung Ausschau zu halten. Um Protonenzerfälle von kosmischen Neutrinos und anderen störenden

Zerfallsprodukten von subatomarer Größe zu unterscheiden, suchte man nach einem (in der Fachsprache ›signature‹ genannten) typischen und eindeutigen Zeichen. Ein solches sind einander entgegengerichtete, gleichzeitig auftretende Paare von Tscherenkow-Impulsen, die von den sich gegeneinder bewegenden Paaren aus Elektronen und Positronen ausgehen.

Leider ist es auch nach mehreren Jahren nicht gelungen, mit diesem Experiment überzeugende Belege für den Protonenzerfall zu finden – doch hat die Einrichtung, wie im vierten Kapitel berichtet, die bei der Supernova 1987A aufgetretenen Neutrinos registriert (wie so häufig in der Naturwissenschaft entdeckt man auf der Suche nach dem einen unerwartet etwas anderes). Auch weitere Experimente mit geänderter Versuchsanordnung haben bisher zu keinerlei Ergebnissen geführt. Das kann zwar bedeuten, daß Protonen nicht zerfallen, aber auch, daß sie zerfallen, ihre Lebensdauer aber dennoch höher ist als 10^{32} Jahre. Da die Messung einer darüber hinausgehenden Zerfallsgeschwindigkeit zur Zeit im Experiment nicht möglich ist, muß ein abschließendes Urteil über den Protonenzerfall für absehbare Zeit ausgesetzt werden.

Angeregt wurde die Suche nach dem Protonenzerfall durch die theoretischen Arbeiten über die verschiedenen großen vereinigten Theorien. Deren Thema ist die Vereinigung der starken atomaren Wechselwirkung (der Kraft, die Protonen und Neutronen in Atomkernen miteinander verbindet) mit der schwachen atomaren Wechselwirkung (die für die Betastrahlung zuständig ist) und der elektromagnetischen Kraft. Ein Protonenzerfall würde sich aus einer geringfügigen Vermischung dieser Kräfte ergeben. Aber auch wenn sich diese Vorstellung von der großen Vereinigung eines Tages als falsch erweisen sollte, bleibt die Möglichkeit, daß Protonen auf andere Weise zerfallen – auf eine Weise, bei der die vierte Grundkraft der Natur, die Gravitation, mitwirkt.

Um zu erkennen, auf welche Weise die Gravitation Protonenzerfall hervorrufen kann, müssen wir die Tatsache einbeziehen, daß das Proton in Wirklichkeit kein echtes punktförmiges Elementarteilchen ist. In Wahrheit handelt es sich bei ihm um einen zusammengesetzten Körper, der aus drei kleineren Teilchen besteht, die wir ›Quarks‹ nennen. Der Durchmesser eines Protons beträgt meist etwa ein zehnbillionstel Zentimeter, was dem durchschnittlichen Abstand zwischen den Quarks entspricht. Diese befinden sich jedoch nicht im Ruhestand, sondern verändern ihre Lage im Proton wegen der quantenmechanischen Unsicherheit ständig. Von Zeit zu Zeit gelangen zwei Quarks sehr nahe aneinander. Noch seltener kommt es vor, daß sich alle drei in äußerst enger Nachbarschaft befinden, und sie können sich einander so sehr annähern, daß die zwischen ihnen bestehende Gravitation, die normalerweise verschwindend gering ist, alles andere übersteigt. Wenn es dazu kommt, fallen die Quarks ineinander und bilden ein winziges Schwarzes Loch. Tatsächlich bricht das Proton durch einen quantenmechanischen Tunnelprozeß unter seiner eigenen Gravitation zusammen. Das sich daraus ergebende winzige Loch ist äußerst instabil – man denke an den Hawking-Prozeß – und verschwindet mehr oder weniger sogleich, wobei ein Positron erzeugt wird. Schätzungen bezüglich der Lebensdauer eines Protons, bis es auf diese Weise zu seinem Zerfall kommt, sind äußerst unsicher und schwanken zwischen 10^{45} und aberwitzigen 10^{220} Jahren.

Wenn es zutrifft, daß Protonen nach ungeheuer langer Zeit zerfallen, wird sich das in tiefgreifender Weise auf die ferne Zukunft des Universums auswirken. Es würde bedeuten, daß alle Materie instabil ist und schließlich verschwinden würde. Dem Fall in ein Schwarzes Loch entgangene feste Objekte wie beispielsweise Planeten würden nicht auf immer Bestand haben, sondern statt dessen ganz allmählich verdampfen. Die Lebensdauer eines Protons von beispielsweise 10^{32} Jahren würde bedeuten, daß die Erde pro Sekunde eine Billion Protonen einbüßt. Damit wäre unser Planet nach etwa 10^{33} Jahren völlig verschwunden, immer vorausgesetzt, daß ihn nicht etwas anderes zuvor zerstört hätte.

Neutronensterne sind gegen diesen Prozeß nicht immun. Auch Neutronen bestehen aus drei Quarks und können sich mit Mechanismen, ähnlich denen, die das Verschwinden von Protonen erklären, in leichtere Teilchen verwandeln. (Isolierte Neutronen sind auf jeden Fall instabil und zerfallen im Verlauf von ungefähr fünfzehn Minuten). Weiße Zwergsterne, Gestein, Staub, Kometen, flüchtige Gaswolken und jede andere im Weltraum umhertreibende Materie würde im Laufe der Zeit in ähnlicher Weise diesem Schicksal erliegen. Den gesamten 10^{48} Tonnen gewöhnlicher Materie, die wir zur Zeit, im Universum verteilt, beobachten, ist es vorherbestimmt, entweder in Schwarzen Löchern, oder durch langsamen nuklearen Zerfall zu verschwinden.

Beim Zerfall von Protonen und Neutronen entstehen selbstverständlich Zerfallsproduke, so daß das Universum nicht unbedingt ohne jegliche Materie bliebe. Beispielsweise sieht ein wahrscheinlicher Zerfallsweg für ein Proton, wie schon erwähnt, so aus, daß dabei ein Positron und ein neutrales Pion entstehen. Da letzteres äußerst instabil ist, zerfällt es sogleich in zwei Photonen oder vielleicht in ein Elektron-Positron-Paar. Wie sich das auch immer verhalten mag, allmählich wird die Zahl der Positronen im Universum als Folge des Protonenzerfalls immer stärker zunehmen. Physiker sind überzeugt, daß die Gesamtzahl positiv geladener Teilchen im Universum (das sind gegenwärtig vor allem Protonen) ebenso groß ist wie die der negativ geladenen Teilchen (vorwiegend Elektronen). Das bedeutet, daß ein gleichmäßiges Gemisch aus Elektronen und Positronen bestehen wird, sobald erst einmal alle Protonen zerfallen sind. Nun ist das Positron das sogenannte Antiteilchen des Elektrons, und wenn die beiden aufeinanderstoßen, vernichten sie sich gegenseitig und setzen dabei Energie in Gestalt von Photonen frei. Dieser Vorgang läßt sich im Labor leicht untersuchen.

Man hat durch Berechnungen festzustellen versucht, ob die in der fernen Zukunft des Universums verbleibenden Positronen und Elektronen einander vollständig vernichten oder ob stets ein kleiner Rest bleiben wird. Diese Vernichtung findet nicht schlagartig statt. Statt dessen verbinden sich Elektron und Positron anfänglich zu einer Art Mini-Atom, das als Positronium bezeichnet wird. Dabei kreisen beide Teile, durch die gegenseitige elektrische Anziehung miteinander verbunden, in einem Todestanz um ihr gemeinsames Massenzentrum. Anschließend bewegen sich sich spiralförmig aufeinander zu und vernichten sich gegenseitig. Wie lange dieser Vorgang dauert, hängt ab vom anfänglichen Abstand zwischen Elektron und Positron zu dem Zeitpunkt, als das ›Positronium-Atom‹ entstand. Im Labor kommt es in einem winzigen Sekundenbruchteil zum Positronium-Zerfall, im äußeren Weltraum aber, wo es nur wenig gibt, was Elektronen und Positronen stören könnte, bewegen sie sich möglicherweise in einer gewaltigen Umlaufbahn miteinander. Schätzungen zufolge würde es 10^{71} Jahre dauern, bis die meisten Elektronen und Positronen Positronium-Atome bilden, aber in der Mehrzahl dieser Fälle hätten die Umlaufbahnen einen Durchmesser von vielen Billionen Lichtjahren! So gemächlich erfolgte die Bewegung der Teilchen, daß es Millionen Jahre dauern würde, bis sie einen Zentimeter zurückgelegt hätten, und die Elektronen und Positronen wären so träge geworden, daß ihr spiralförmiges Aufeinanderzugleiten atemberaubende 10^{116} Jahre dauern würde. Nichtsdestoweniger ist das endgültige Schicksal dieser Positronium-Atome vom Augenblick ihres Entstehens an besiegelt.

Eigentümlicherweise ist es nicht unbedingt erforderlich, daß sich alle Elektronen und Positronen gegenseitig vernichten. Während diese Teilchen ihre jeweiligen Gegenspieler auswählen, nimmt ihre Dichte beständig ab, sowohl infolge der eingegangenen Verbindung als auch wegen der fortdauernden Ausdehnung des Universums. Im Laufe der Zeit wird die Entstehung von Positronium-Atomen immer schwieriger. Während also der winzige Rest verbleibender Materie immer mehr abnimmt, verschwindet sie doch zu keiner Zeit vollständig. Stets wird es irgendwo das eine oder andere Elektron oder Positron geben, auch wenn jedes dieser Teilchen einsam und allein in einem immer größeren Volumen leeren Raumes existiert.

Wir können jetzt ein Bild davon malen, wie das Universum nach Ablauf all dieser unglaublich langsamen Prozesse aussehen wird. Zunächst wird es das geben, was vom Urknall übriggeblieben ist, den kosmischen Hintergrund, der schon immer da war. Er besteht aus Photonen und Neutrinos sowie möglicherweise einigen weiteren vollständig stabilen Teilchen, von denen wir noch nichts wissen. Die Energie dieser Teilchen wird immer mehr abnehmen, während sich das Universum ausdehnt, bis sie einen völlig unerheblichen Hintergrund bilden. Die gewöhnliche Materie des Universums wird verschwunden, alle Schwarzen Löcher werden verdampft sein. Wohl wird der größte Teil von der Masse der Schwarzen Löcher auf Photonen übergegangen sein, doch wird ein Teil auch noch in Gestalt von Neutrinos existieren und ein ganz winziger Bruchteil, den die Löcher während eines letzten explosionsartigen Ausbruchs hinausgeschleudert haben, in Gestalt von Elektronen, Protonen, Neutronen und schwereren Teilchen. Alle schwereren Teilchen zerfallen schnell, Neutronen und Protonen langsamer, wobei einige wenige Elektronen und Positronen übrigbleiben und zu jenen stoßen, die den letzten verbleibenden Rest der gewöhnlichen Materie ausmachen, wie wir sie heute wahrnehmen.

So wäre das Universum der sehr fernen Zukunft eine unvorstellbar verdünnte Suppe aus Photonen, Neutrinos und einer immer geringeren Anzahl von Elektronen und Positronen, die sich alle langsam immer weiter voneinander entfernen. Soweit uns bekannt ist, würde es nie wieder zu irgendwelchen weiteren pyhsikalischen Prozessen kommen. Kein bedeutsames Ereignis würde die trübe Sterilität eines Universums unterbrechen, das seinen Weg vollendet hat und dennoch einem ewigen Leben entgegensieht – vielleicht wäre ewiger Tod das bessere Wort dafür.

Mit diesem trostlosen Bild eines kalten, dunklen, gesichtslosen Beinahe-Nichts kommt die moderne Kosmologie der Vorstellung vom ›Hitzetod‹ der Physik des neunzehnten Jahrhunderts am nächsten. Die Zeit, die erforderlich ist, bis sich das Universum zu diesem Zustand entwickelt, ist so lang, daß sie sich der menschlichen Vorstellungskraft entzieht. Dennoch macht sie nur einen winzigen Bruchteil der verfügbaren unendlichen Zeit aus. Wie schon gesagt, ewig ist eine lange Zeit.

Obwohl der Zerfall des Universums einen Zeitraum beansprucht, der so ungeheuer weit über menschliche Maßstäbe hinausreicht, daß er uns praktisch nichts bedeutet, fragen viele Menschen unablässig: »Was wird aus unseren Nachkommen? Sind sie auf jeden Fall zum Untergang durch ein Universum verurteilt, das um sie herum langsam, aber sicher dem Ende entgegengeht?« Bedenkt man den nicht besonders verlockenden Zustand, den die Naturwissenschaft für das Universum der fernen Zukunft voraussagt, macht es ganz den Eindruck, als sei letzten Endes jede Art von Leben zum Untergang verurteilt. Aber so einfach ist der Tod nicht.

Ein Leben auf der Kriechspur

Im Jahre 1972 veröffentlichte der Club of Rome unter dem Titel *Die Grenzen des Wachstums* eine düstere Prognose für die Zukunft der Menschen. Zu den vielen Voraussagen über unmittelbar bevorstehende Katastrophen gehörte auch die, daß die Vorräte an fossilen Brennstoffen auf der Welt binnen weniger Jahrzehnte zur Neige gegen würden. Die Menschen wurden unruhig, die Ölpreise schossen in die Höhe, und die Erforschung alternativer Möglichkeiten der Energieversorgung kam in Mode. Inzwischen leben wir in den neunziger Jahren, ohne daß es Hinweise auf ein bevorstehendes Ende der Vorräte an fossilen Brennstoffen gäbe. Infolgedessen ist an die Stelle der Beunruhigung Selbstgefälligkeit getreten; dabei läßt sich mit einer simplen Berechnung zwingend nachweisen, daß man eine endliche Quelle nicht ewig in unvermindertem endlichen Ausmaß anzapfen kann. Früher oder später wird es auf dem Energiesektor zu einem Zusammenbruch kommen. Eine ähnliche Schlußfolgerung läßt sich in bezug auf die Bevölkerung der Erde ziehen: Die Zahl der Menschen kann nicht endlos weiter wachsen.

Manche Untergangspropheten sind der Ansicht, die bevorstehende Energie- und Bevölkerungskrise werde dafür sorgen, daß die Menschheit ein für allemal von der Erdoberfläche verschwindet. Doch es besteht keine Notwendigkeit, zwischen dem Ende fossiler Brennstoffe und dem des *Homo sapiens* eine Parallele zu ziehen. Es gibt in unserer Umwelt ungeheure Energiequellen, wenn wir nur den festen Willen und die Findigkeit haben, sie uns nutzbar zu machen. Insbesondere das Sonnenlicht enthält mehr als genug für unsere Zwecke nutzbare Energie. Eine größere Schwierigkeit ist mit der Aufgabe verbunden, das Bevölkerungswachstum einzudämmen, bevor uns eine Massenhungersnot das abnimmt. Für ihre Bewältigung sind allerdings gesellschaftliche, wirtschaftliche und politische Fähigkeiten wichtiger als naturwissenschaftliche. Ich bin jedoch fest davon überzeugt, daß es der Menschheit gut gehen wird, wenn es ihr gelingt, den durch die Abnahme der fossilen Brennstoffe verursachten Energie-Engpaß zu überwinden, die Bevölkerungszahl auf der Erde ohne katastrophale Konflikte zu stabilisieren sowie die ökologischen und durch Asteroiden-Einschläge hervorgerufenen Schäden an dem von ihr bewohnten Planeten in Grenzen zu halten. Es gibt kein erkennbares Naturgesetz, das der Langlebigkeit unserer Art Grenzen setzt.

In den vorigen Kapiteln habe ich beschrieben, auf welche Weise sich der Aufbau des Weltalls infolge langsam ablaufender physikalischer Prozesse im Verlauf von Zeiten, die sich unserer Vorstellungskraft entziehen, uns verändern wird, und zwar ganz allgemein in Richtung auf den Untergang. Der Mensch existiert (je nachdem, wie man den Begriff definiert) im Höchstfall seit fünf Millionen Jahren und eine Zivilisation (dieser oder jener Art) erst seit wenigen tausend Jahren. Bewohnbar bleiben müßte die Erde noch zwei oder drei Millionen Jahre – selbstverständlich mit einer begrenzten Bevölkerung. So ungeheuer ist diese Zeitspanne, daß sie unser Vorstellungsvermögen übersteigt. Vielleicht erweckt ihre Länge sogar den Eindruck, als wäre sie praktisch unendlich. Doch haben wir gesehen, daß im Vergleich mit der für astronomische und kosmologische Veränderungen im großen Maßstab gültigen Zeitskala auch eine Milliarde Jahre nur einen kurzen Augenblick bedeuten, und so ist es möglich, daß in einer Milliarde Jahren irgendwo in unserer Galaxis noch Lebensbedingungen ähnlich den jetzt auf der Erde herrschenden bestehen.

Sicherlich können wir uns angesichts der unseren Nachkommen verfügbaren ungeheuren Zeiträume vorstellen, daß diese die Weltraumforschung und alle möglichen wunderbaren technischen Verfahren weiterentwickeln. Es wird ihnen reichlich Zeit bleiben, die Erde zu verlassen, bevor die Sonne diese zu einem Stück Schlacke verbrennt. Sie können sich einen anderen geeigneten Planeten suchen, danach wieder einen anderen und so weiter. In dem Maße, in dem sich die Menschheit in den Weltraum ausdehnt, kann auch die Bevölkerungszahl zunehmen. Tröstet uns das Wissen, daß unser Kampf um das Überleben im zwanzigsten Jahrhundert unter Umständen letztlich doch nicht vergebens ist?

Wie im zweiten Kapitel erwähnt, schrieb Bertrand Russell in einem Anfall von Niedergeschlagenheit wegen der aus dem Zweiten Hauptsatz der Thermodynamik zu ziehenden Konsequenzen verzweifelt über die Sinnlosigkeit der menschlichen Existenz angesichts der Tatsache, daß das Sonnensystem zum Untergang verurteilt ist. Russell war überzeugt, daß das allem Anschein nach unausweichliche Ende unseres Planeten das menschliche Leben irgendwie nutzlos oder gar zu einer Farce mache. Sicherlich hat diese Überzeugung zu seinem Atheismus beigetragen. Wäre ihm wohler gewesen, wenn er gewußt hätte, daß die Gravitationsenergie von Schwarzen Löchern die Energieleistung der Sonne um ein Vielfaches übertrifft und noch Milliarden Jahre nach dem Zerfall des Sonnensystems weiterbestehen wird? Wahrscheinlich nicht. Nicht die tatsächliche Dauer der Zeit ist entscheidend, sondern die Vorstellung, daß das Universum früher oder später unbewohnbar sein wird; dieser Gedanke bringt manche Menschen dazu, unsere Existenz für sinnlos zu halten.

Aus der am Ende des siebten Kapitels gegebenen Beschreibung der fernen Zukunft des Universums ließe sich der Schluß ziehen, daß eine feindseligere und weniger ausgeglichene Umgebung kaum vorstellbar scheint. Dennoch dürfen wir in diesem Zusammenhang nicht zu sehr nach unseren Maßstäben urteilen oder zu pessimistisch sein. Wohl würde es dem Menschen schwerfallen, in einem Universum zu überleben, das aus einer verdünnten Suppe von Elektronen und Positronen besteht, doch ist die entscheidende Frage sicher nicht, ob unsere Art als solche unsterblich ist, sondern, ob unsere *Nachkommen* überleben können. Und es ist unwahrscheinlich, daß es sich bei ihnen um Menschen handeln wird.

Die Art *Homo sapiens* entstand auf der Erde als Produkt der biologischen Evolution. Aber die Prozesse der Evolution werden durch unsere eigenen Handlungen rasch verändert. Wir haben bereits in den Vorgang der natürlichen Selektion eingegriffen. Überdies wird die Möglichkeit, auf künstlichem Wege Mutationen auszulösen, ständig größer. Unter Umständen können wir schon bald durch gezielte Genmanipulation Menschen mit vorgegebenen Wesensmerkmalen und körperlichen Eigenschaften erzeugen. Da diese Möglichkeiten der Biotechnik zu ihrer Entwicklung nur ein paar Jahrzehnte in einer technologisch ausgerichteten Gesellschaft benötigten, kann man sich ausmalen, was Naturwissenschaft und Technik im Verlauf von Tausenden oder gar Millionen Jahren zu erreichen vermöchten.

In nur einigen Jahrzehnten hat die Menschheit Mittel und Wege gefunden, den Planeten zu verlassen und sich in den näheren Weltraum zu wagen. Im Lauf der Äonen könnten sich unsere Nachkommen jenseits der Erde über das weitere Sonnensystem und von dort auf andere Sternensysteme unserer Galaxis ausbreiten. Viele Menschen meinen, ein solches Vorhaben werde nahezu eine Ewigkeit beanspruchen. Dem ist nicht so. Die Besiedlung würde vermutlich erfolgen, indem man von einem Planeten zum anderen spränge. Von der Erde aus würden die Siedler zu einem nur wenige Lichtjahre entfernten geeigneten Planeten aufbrechen, und wenn sie ihr Reisetempo der Lichtgeschwindigkeit annähern könnten, dürfte die Fahrt dorthin nur jene wenigen Jahre in Anspruch nehmen. Selbst wenn sie lediglich ein Prozent der Lichtgeschwindigkeit erreichten – ein durchaus bescheidenes Ziel – würde diese Reise nur ein paar Jahrhunderte dauern. Die Errichtung der neuen Kolonie würde sich bis zur ihrer Vollendung vielleicht einige weitere Jahrhunderte hinziehen. In dieser Zeit könnten die Nachkommen der ursprünglichen Siedler daran gehen, ihre eigene Kolonisierungsexpedition zu einem anderen geeigneten, ferneren Planeten zu planen. Dieser wäre nach weiteren Jahrhunderten besiedelt, und so fort. Auf ebendiese Weise haben einst die Polynesier von den Inseln in der Mitte des Pazifik Besitz genommen.

Da das Licht zur Durchquerung unserer Galaxis nur etwa hunderttausend Jahre braucht, würde die gesamte Reisezeit bei einem Prozent dieser Geschwindigkeit zehn Millionen Jahre betragen. Besiedelte man unterwegs hunderttausend Planeten, und brauchte man für jeden zweihundert Jahre, so würde das den Zeitrahmen für die Besiedlung der Galaxis lediglich verdreifachen. Dreißig Millionen Jahre aber sind nach astronomischen oder gar geologischen Maßstäben eine sehr kurze Zeit. So benötigt die Sonne für einen einzigen Umlauf um unsere Galaxis etwa zweihundert Millionen Jahre; das Leben auf der Erde existiert mindestens siebzehnmal so lange. Erst in drei oder vier Milliarden Jahren wird das Altern der Sonne für die Erde eine Bedrohung bedeuten, so daß nach Ablauf von dreißig Millionen Jahren nur sehr geringe Veränderungen eingetreten wären. Daraus kann man schließen, daß unsere Nachkommen die Galaxis in einem winzigen Bruchteil jener Zeit besiedeln könnten, die von der Entstehung des Lebens auf der Erde bis hin zur Entwicklung einer technologisch ausgerichteten Gesellschaft nötig war.

Wie aber sähen unsere als Kolonisten aufbrechenden Nachkommen aus? Wenn wir unserer Phantasie freien Lauf lassen, könnten wir uns leicht vorstellen, daß sie sich dem Leben auf dem Zielplaneten ohne weiteres mit Hilfe der Genmanipulation anpassen würden. Um ein einfaches Beispiel zu nehmen: Wenn in der Nähe des Sterns Epsilon Eridani ein erdähnlicher Planet entdeckt würde und man merkte, daß dessen Atmosphäre lediglich zehn Prozent Sauerstoff enthält, ließen sich durch Genmanilpulation Siedler mit einer größeren Anzahl von roten Blutkörperchen erzeugen. Wäre die Gravitation auf dem neuen Planeten stärker, könnte man ihnen einen kräftigeren Körperbau und festere Knochen mitgeben – und so weiter.

Auch die Reise brauchte nicht einmal dann Schwierigkeiten zu bereiten, wenn sie einige Jahrhunderte dauern sollte. Das Raumschiff könnte wie eine Arche gebaut werden, ein vollständiges unabhängiges Ökosystem, das in der Lage ist, den Reisenden über viele Generationen alles zu liefern, was sie brauchen. Man könnte die Siedler aber auch für die Reise tiefgefrieren. Allerdings wäre es sinnvoller, lediglich ein kleines Raumschiff mit einer kleinen Besatzung auszuschicken, dessen Frachtraum Millionen tiefgefrorener Eier enthielte. Diese könnte man nach der Ankunft in Brustkästen heranreifen lassen. Auf diese Weise würde man sogleich über eine Bevölkerung verfügen, ohne daß man sich mit den logistischen und soziologischen Schwierigkeiten herumschlagen müßte, die der Transport einer großen Zahl erwachsener Menschen über einen langen Zeitraum mit sich brächte.

Stellt man einmal Spekulationen an, was innerhalb gewaltiger Zeiträume möglich wäre, gibt es auch keinen Grund zu der Annahme, daß diese Siedler nach ihrem Äußeren oder auch nur ihrer Mentalität Menschen sein müßten. Wenn sich mit Hilfe von Genmanipulation Lebewesen hervorbringen lassen, die unterschiedlichen Anforderungen gerecht werden, könnte man bei jeder Expedition zweckgemäß konzipierte Wesen auf die Reise schicken, welche über die Anatomie und Psyche verfügen, die für die anfallenden Aufgaben notwendig sind.

Die Siedler müßten nicht einmal lebende Organismen sein, wie sie der üblichen Definition entsprechen. Bereits jetzt kann man Menschen Mikroprozessoren in Form von Siliziumplättchen einpflanzen. Folge einer Weiterentwicklung dieses Verfahrens könnte eine Mischung organischer und künstlicher elektronischer Bestandteile sein, die imstande wären, körperliche wie geistige Funktionen zu übernehmen. Es wäre beispielsweise möglich, einen zusätzlichen Gedächtnisspeicher für das menschliche Gehirn zu konstruieren, ähnlich den gegenwärtig für Elektronenrechner verfügbaren Speicherbausteinen. Umgekehrt würde es sich vielleicht bald als effizienter erweisen, zur Durchführung von Berechnungen organisches Material anzupassen anstatt für diese Aufgabe elektronische Anlagen herzustellen. Es wird sogar möglich sein, Rechnerbausteine auf biologischem Wege ›anzubauen‹. Mit größerer Wahrscheinlichkeit wird man für viele Aufgaben anstelle von Digitalrechnern neuronale Netze verwenden; schon jetzt dienen sie an ihrer Stelle zur Simulation menschlicher Intelligenz und zur Voraussage von Verhaltensweisen in der Wirtschaft. Es könnte auch vernünftiger sein, aus Stücken von Gehirngewebe organische neuronale Netze zu züchten, als solche Netze von Grund auf neu zu konstruieren. Machbar wäre auch die Herstellung einer symbiotischen Mischung aus organischen und künstlichen Netzen. Mit der Weiterentwicklung der Nanotechnik wird sich die Grenzlinie zwischen lebenden und nichtlebenden, natürlichen und künstlichen Gehirnen und Rechnern immer mehr verwischen.

Gegenwärtig gehören solche Spekulationen ins Reich der Science-fiction. Können sie auch Wirklichkeit werden? Schließlich bedeutet die einfache Tatsache, daß wir uns etwas vorstellen können, nicht zwangsläufig, daß es auch geschieht. Dennoch können wir auf technische Prozesse den gleichen Grundsatz anwenden wie auf natürliche Prozesse: Vorausgesetzt, es steht genug Zeit dafür zur Verfügung, dann *wird* alles geschehen, was geschehen *kann*. Wenn der Mensch oder seine Nachkommen weiterhin hinreichend motiviert sind (ein ungeklärter Punkt), bestimmen ausschließlich die Gesetze der Physik die Grenzen der Technik. Eine Herausforderung wie das Projekt des menschlichen Genoms, das für eine einzige Generation von Wissenschaftlern eine entmutigende Aufgabe darstellen könnte, wäre ziemlich einfach, wenn sich hundert, tausend oder eine Million Generationen an die Arbeit machten.

Seien wir zuversichtlich, daß wir überleben und unsere Technologie bis an ihre Grenzen weiterentwickeln werden. Was bedeutet das in bezug auf die Erforschung des Universums? Die Konstruktion zweckmäßiger empfindungsfähiger Wesen würde die Möglichkeit eröffnen, in bisher vollkommen feindliche Regionen Beauftragte zu entsenden, die imstande wären, dort bis dahin unvorstellbare Aufgaben auszuführen. Bei diesen Wesen würde es sich auch dann nicht um Menschen handeln, wenn sie aus einer von Menschen initiierten Technologie hervorgegangen wären.

Sollten wir ein persönliches Interesse am Geschick dieser sonderbaren Geschöpfe haben? Es mag sein, daß viele Menschen bei der Vorstellung, solche Ungeheuer könnten an die Stelle des Menschen treten, Abscheu empfinden. Wenn es das Überleben erfordert, daß der Mensch einem genmanipulierten organischen Roboter seinen Platz räumt, würde sich die Menschheit vielleicht für das Aussterben entscheiden. Doch wenn es uns bedrückt, daß der Mensch wahrscheinlich verschwindet, müssen wir uns gründlich mit der Frage beschäftigen, was am Menschen wir bewahren wollen. Sicherlich nicht unsere äußere Erscheinung. Würde es uns wirklich stören, wenn wir wüßten, daß unsere Nachkommen in, sagen wir, einer Million Jahren unter Umständen keine Zehen mehr hätten, ihre Beine kürzer wären und ihr Kopf – und damit auch ihr Gehirn – größer wäre als unserer? Schließlich hat sich unser Aussehen im Laufe weniger Jahrhunderte auch deutlich verändert, und schon jetzt gibt es beträchtliche Unterschiede zwischen verschiedenen ethnischen Gruppen.

Vor die Wahl gestellt, wäre vermutlich den meisten von uns das wichtiger, was man den menschlichen Geist nennen könnte – unsere Kultur, unsere Wertvorstellungen, unsere besondere

Bewußtseinstruktur, wie sie in unseren wissenschaftlichen, künstlerischen und intellektuellen Leistungen veranschaulicht sind. All das ist es sicher wert, bewahrt und fortgesetzt zu werden. Wenn wir unseren Nachkommen das Wesentliche unseres Mechanismus überliefern könnten, ganz gleich, wie ihr äußerliches Erscheinungsbild ist, würde das, worauf es am meisten ankommt, weiterbestehen.

Ob es möglich sein wird, menschenähnliche Wesen zu erschaffen, die sich im All ausbreiten können, ist selbstverständlich eine äußerst gewagte Spekulation. Einmal ganz von allem anderen abgesehen, ist denkbar, daß dem Menschen der Drang nach einem so großen Unternehmen abhanden kommt oder daß wirtschaftliche, ökologische oder sonstige Katastrophen zu seinem Untergang führen, bevor er den Planeten wirklich verläßt. Es ist sogar möglich, daß uns außerirdische Wesen einen Schritt voraus sind und bereits den größten Teil der in Frage kommenden Planeten besiedelt haben (wenn auch offenkundig – noch – nicht die Erde). Aber ob die Aufgabe nun unseren Nachkommen oder denen einer fremden Art zufällt, die Vorstellung, sich über das Universum auszubreiten und mit Hilfe der Technologie die Herrschaft über es zu gewinnen, ist allemal faszinierend, und es ist verlockend zu fragen, auf welche Weise solche Superwesen gegen den allmählichen Zerfall des Universums angehen würden.

Die Zeitspannen des im siebten Kapitel behandelten physikalischen Zerfalls sind so gewaltig, daß jede auf eine Extrapolierung gegenwärtiger Entwicklungsrichtungen auf der Erde gestützte Mutmaßung, wie die Technik in der sehr fernen Zukunft aussehen könnte, zum Scheitern verurteilt ist. Wer kann sich eine technologisch ausgerichtete Gesellschaft vorstellen, die eine Billion Jahre alt ist? Man sollte meinen, daß sie alles zu erreichen vermöchte. Doch wäre vermutlich jede Technik, und sei sie noch so fortgeschritten, nach wie vor den Grundgesetzen der Physik unterworfen. Wenn beispielsweise die Relativitätstheorie mit ihrer Schlußfolgerung recht hat, daß kein materieller Körper imstande ist, die Lichtgeschwindigkeit zu überschreiten, würde auch eine Billion Jahre technischen Bemühens diese Schranke nicht niederreißen können. Noch schwerwiegender aber ist die Tatsache, daß die fortwährende Nutzung verfügbarer Energiequellen im Universum letzten Endes auch für eine noch so fortgeschrittene technologisch orientierte Gemeinschaft eine ernsthafte Bedrohung bedeutet, solange für jede interessante Aufgabe zumindest ein gewisses Maß an Energie aufgewendet werden muß.

Indem wir für die allgemeinste Definition empfindungsfähiger Wesen grundlegende physikalische Prinzipien verwenden, können wir untersuchen, ob der Verfall des Universums in der fernen Zukunft ihrem Überleben irgendwelche wirklich grundlegenden Hindernisse entgegensetzen würde. Damit sich ein Wesen als ›empfindungsfähig‹ einstufen läßt, muß es zumindest in der Lage sein, Informationen zu verarbeiten. Denken und Erfahren sind Beispiele für Tätigkeiten, bei denen es um Informationsverarbeitung geht. Welche Bedingungen könnte dies an die physikalischen Gegebenheiten des Universums stellen?

Ein kennzeichnendes Merkmal der Informationsverarbeitung besteht darin, daß dabei Energie dissipiert, das heißt in Wärme umgewandelt, wird. Aus diesem Grund muß der Textverarbeitungsrechner, mit dem ich dies Buch schreibe, ans Stromnetz angeschlossen sein. Die Menge der pro Informationsbit aufzuwendenen Energie hängt von thermodynamischen Gegebenheiten ab. Am geringsten ist der (theoretische) Energieverbrauch dann, wenn die Arbeitstemperatur des Systems nahe der Umgebungstemperatur liegt. Das menschliche Gehirn und die meisten Rechner arbeiten ineffizient; sie wandeln große Mengen überschüssiger Energie in Wärme um. So erzeugt das Gehirn beispielsweise einen beträchtlichen Teil der Körperwärme, und viele Rechner benötigen ein spezielles Kühlsystem, damit sie nicht schmelzen. Die Entstehung dieser Abwärme läßt sich auf das Verfahrensprinzip zurückführen, nach dem die Informationsverarbeitung erfolgt und das die

Beseitigung von nicht benötigten Informationen erforderlich macht. Führt beispielsweise ein Computer die Operation $1 + 2 = 3$ aus, tritt an die Stelle zweier eingegebener Angaben (die Zahlen 1 und 2) eine ausgegebene (die Zahl 3). Sobald die Operation abgeschlossen ist, kann der Computer die eingegebene Information entfernen, wobei er zwei Zeichen durch eines ersetzt. In der Tat muß er ständig solche von außen eingehenden Informationen beseitigen, um zu verhindern, daß sein Speicher überläuft. Da sich der Löschvorgang definitionsgemäß nicht umkehren läßt, bewirkt er eine Zunahme der Entropie. Es sieht also ganz so aus, als führe das Grundprinzip des Sammelns und Verarbeitens von Informationen zwangsläufig zu einer irreversiblen Erschöpfung der verfügbaren Energie und einer Zunahme der Entropie im Universum.

Freeman Dyson hat die Begrenzungen betrachtet, denen sich eine Gemeinschaft empfindungsfähiger Wesen gegenübersieht – die nicht umhin können, ein gewisses Maß an Energie in Wärme umzuwandeln, und sei es nur, um zu denken –, während sich das Universum in Richtung auf seinen Hitzetod abkühlt. Die erste Einschränkung besteht darin, daß die Temperatur dieser Wesen über der ihrer Umgebung liegen muß, weil ihre Abwärme sonst nicht ausströmen könnte. Zweitens begrenzen die Gesetze der Physik die Geschwindigkeit (im Sinne von Energie pro Zeit), mit der ein physikalisches System Energie in seine Umgebung abstrahlen kann. Es ist klar, daß diese Wesen nicht lange arbeiten können, wenn sie Abwärme schneller produzieren, als sie diese abzuleiten vermögen. Diese Forderungen legen eine Untergrenze für die Geschwindigkeit fest, mit der solche Wesen zwangsläufig Energie in Wärme umwandeln. Ein wesentliches Erfordernis besteht darin, daß es eine Quelle freier Energie geben muß, die diesen Energieverlust auf jeden Fall auszugleichen hat. Dyson kommt zu dem Schluß, daß solche Quellen alle dazu bestimmt sind, in der fernen kosmischen Zukunft zur Neige zu gehen, so daß jedes empfindungsfähige Wesen schließlich mit einer Energiekrise konfrontiert wird.

Nun gibt es zwei Möglichkeiten, die Lebensdauer der Empfindungsfähigkeit zu verlängern. Entweder überlebt man so lange wie möglich, oder man steigert die *Geschwindigkeit* der Denk- und Erfahrungsprozesse. Dyson geht von der vernünftigen Annahme aus, daß die subjektive Erfahrung des Zeitablaufs von der Geschwindigkeit abhängt, mit der ein Wesen Informationen verarbeitet: Je schneller der Verarbeitungsmechanismus ist, desto mehr Gedanken und Wahrnehmungen stehen ihm pro Zeiteinheit zur Verfügung, und desto rascher scheint ihm die Zeit zu vergehen. Diese These verwendet Robert Foreword in unterhaltsamer Weise in seinem Science-fiction-Roman *Dragon's Egg* [Drachenei]. Darin erzählt er die Geschichte einer aus bewußten Wesen bestehenden Gemeinschaft, die an der Oberfläche eines Neutronensterns lebt und zur Aufrechterhaltung ihrer Existenz nukleare statt chemische Prozesse nutzt. Da nukleare Wechelwirkungen tausendmal schneller sind als chemische, verarbeiten diese ›Neutronenwesen‹ Informationen auch viel schneller als wir. Eine Sekunde Menschenzeit entspricht bei ihnen vielen Jahren. Bei ihrem ersten Kontakt mit Menschen ist die auf dem Neutronenstern angesiedelte Gemeinschaft noch recht primitiv, entwickelt sich aber von Minute zu Minute und überflügelt die Menschheit rasch.

Leider haftet diesem Verfahren als Überlebensstrategie in der fernen Zukunft ein Nachteil an: Je schneller Informationen verarbeitet werden, um so mehr nimmt die Menge der in Wärme umgewandelten Energie zu und um so rascher erschöpfen sich die verfügbaren Energiequellen. Man könnte zu der Ansicht gelangen, das bedeute zweifelslos das Ende für unsere Nachkommen, ganz gleich, welche körperliche Gestalt sie annehmen werden. Das muß aber nicht so sein. Dyson hat gezeigt, daß es einen klugen Kompromiß geben könnte, bei dem die Gemeinschaft ihre Aktivitätsrate allmählich, entsprechend den abnehmenden Energiequellen im Universum, vermindert – beispielsweise indem sie sich über immer längere Zeiträume hinweg in Winterschlaf versetzt. Im Verlauf jeder dieser Schlafphasen würde die durch die Bemühungen der voraufgegangenen Aktiviätsphase angesammelte Wärme abgeleitet und nützliche Energie für die nächste Aktivitätsphase gesammelt.

Die von den Wesen, die so vorgehen, subjektiv wahrgenommene Zeit wird einen immer kleineren Bruchteil der tatsächlich verstrichenen Zeit ausmachen, weil die Phasen, in denen die Gemeinschaft nicht aktiv am Leben teilnimmt, immer länger werden. Doch ›ewig‹ ist, wie schon mehrfach gesagt, eine lange Zeit, und so haben wir es mit Grenzwerten zu tun, die miteinander im Widerstreit liegen: auf der einen Seite mit der Energiequelle (sie geht gegen Null) und auf der anderen mit der Zeit (sie geht gegen Unendlich). Dyson hat anhand einer einfachen Untersuchung dieser Grenzwerte gezeigt, daß die gesamte subjektiv wahrgenommene Zeit selbst dann unendlich sein kann, wenn die Gesamtmengen der verfügbaren Energie endlich sind. Er führt dazu eine erstaunliche Statistik an: Eine Gemeinschaft, welche die gleiche Mitgliederzahl aufweist, wie die Menschheit heute, könne buchstäblich die ganze Ewigkeit hindurch mit einer Gesamtenergie von 6×10^{30} Joule auskommen. Diese Energiemenge strahlt die Sonne in nur acht Stunden ab!

Wahre Unsterblichkeit setzt mehr voraus als die Fähigkeit, eine unendliche Menge Informationen zu verarbeiten. Ein Wesen, dem eine endliche Zahl von Gehirnzuständen zu Gebote steht, kann nur eine endliche Zahl verschiedener Gedanken denken. Sollte es für alle Zeiten existieren, würde das bedeuten, daß immer wieder die gleichen Gedanken gehegt würden. Eine solche Existenz scheint so sinnlos wie die einer zum Untergang verurteilten Art. Um sich aus dieser Sackgasse zu befreien, muß die Gemeinschaft – oder das einzelne Superwesen – grenzenlos weiterwachsen. Das bedeutet für die sehr ferne Zukunft eine beachtliche Herausforderung, weil die Materie rascher verdampfen wird, als sie für die ›Gehirnmasse‹ geordert werden kann. Vielleicht könnte ein einfallsreiches Einzelwesen in seiner Verzweiflung versuchen, die flüchtigen, aber im All jederzeit vorhandenen Neutrinos einzuspannen, um den Rahmen seiner geistigen Tätigkeit zu erweitern.

Bei Dysons Gedankenspiel wird – wie eigentlich bei fast allen Spekulationen über das Schicksal bewußter Wesen in der fernen Zukunft – stillschweigend angenommen, daß die geistigen Prozesse, die in der beschriebenen Situation ablaufen, stets auf eine Art digitalen Rechenprozeß zurückführbar sind. Gewiß ist ein Digitalrechner eine Maschine mit einer endlichen Zahl von Zuständen, so daß dem, was er zu leisten vermag, eine klare Grenze gesetzt ist. Allerdings gibt es auch andere – als Analogrechner bekannte – Systeme. Ein einfaches Beispiel dafür ist der Rechenschieber. Mit seiner Hilfe kann man Berechnungen durchführen, indem man die beiden Teile, aus denen er besteht, kontinuierlich gegeneinander verschiebt. Im Idealfall ist dabei eine unendliche Zahl von Zuständen möglich. Mithin entfallen für den Analogrechner manche der für den Digitalrechner geltenden Einschränkungen, der lediglich eine endliche Menge von Informationen speichern und verarbeiten kann. Wenn die Informationen so dargestellt werden wie bei einem Analogrechner – beispielsweise durch die Lage oder Winkel von Gegenständen – scheint die Kapazität eines solchen Rechners unbegrenzt zu sein. Angenommen also, ein Superwesen könnte wie ein Analogrechner arbeiten, dann könnte es unter Umständen nicht nur eine unendliche Zahl von Gedanken haben, sondern auch eine unendliche Zahl *verschiedener* Gedanken.

Leider wissen wir nicht, ob das Universum wie ein Analogrechner oder wie ein Digitalrechner aufgebaut ist. Die Quantenphysik nimmt an, das es ›quantifiziert‹ ist – also daß alle seine Merkmale diskrete Stufen und nicht kontinuierliche Schwankungen aufweisen. Das aber ist reine Spekulation. Auch verstehen wir die Beziehung zwischen geistiger und körperlicher Gehirntätigkeit nicht; möglicherweise lassen sich Gedanken und Erfahrungen nicht einfach in Beziehung zu den hier betrachteten quantenphysikalischen Vorstellungen setzen.

Was auch immer das Eigentliche des Geistes sein mag, es besteht kein Zweifel, daß die Wesen der fernen Zukunft die endgültige ökologischen Krise erleben werden: die Umwandlung aller im Universum verfügbaren Energiequellen in Wärme. Dennoch sieht es so aus, als könnten sie, indem sie »es vergessen machen« eine Art von Unsterblichkeit erlangen. In Dysons Szenario wirken sich ihre Aktivitäten immer weniger auf ein Universum aus, das ihren Bedürfnissen gegenüber völlig gleichgültig ist. So bleiben sie unzählige Äonen hindurch aktiv, wobei sie die stille Schwärze eines moribunden Kosmos kaum stören. Sie bewahren ihre Erinnerungen, fügen ihnen aber nichts hinzu. Eine geschickte Planung ermöglicht ihnen nach wie vor eine unendliche Anzahl von Gedanken und Erfahrungen. Was könnten sie mehr erwarten?

Der Hitzetod des Universums ist zu einem der unvergänglichen Mythen unseres Zeitalters geworden. Wir haben gesehen, wie der allem Anschein nach vom Zweiten Hauptsatz der Thermodynamik vorausgesagte unausweichliche Verfall des Universums für Russell und andere die Grundlage einer Philosophie des Atheismus, Nihilismus und der Verzweiflung bildete. Unser besseres Verständnis der Kosmologie setzt uns heute in den Stand, ein etwas anderes Bild zu zeichnen. Schon möglich, daß das Universum seinem Ende entgegengeht – dieses braucht aber nicht endgültig zu sein. Gewiß gilt der Zweite Hauptsatz der Thermodynamik, doch schließt er nicht zwangsläufig eine kulturelle Unsterblichkeit aus.

Tatsächlich ist die Lage wohl nicht ganz so schwarz, wie Dyson sie darstellt. Bisher habe ich angenommen, daß das Universum mehr oder weniger einheitlich bleibt, während es sich ausdehnt und abkühlt. Das ist aber vielleicht nicht der Fall. Die Gravitation ist die Quelle vieler Instabilitäten, und an die Stelle der Einheitlichkeit des Kosmos, die wir heute weithin wahrnehmen, könnte in ferner Zukunft eine kompliziertere Anordnung treten. Beispielsweise könnten sich bei der Ausdehnungsgeschwindigkeit in verschiedene Richtungen leichte Veränderungen verstärken. Riesige Schwarze Löcher könnten sich zu Haufen zusammenschließen, wenn ihre gegenseitige Anziehung die nach außen strebende Wirkung der kosmologischen Ausdehnung überwindet. Das würde zu einem sonderbaren Wettstreit führen. Wir wollen nicht vergessen, daß die Temperatur eines Schwarzen Lochs um so höher liegt und es um so rascher verdampft, je kleiner es ist. Fallen nun zwei Schwarze Löcher zusammen, nimmt die Größe des dabei entstehenden Lochs zu. Damit aber kühlt es sich ab, und der Verdampfungsprozeß erleidet einen starken Rückschlag. Die Schlüsselfrage im Hinblick auf die ferne Zukunft des Universums heißt, ob die Geschwindigkeit, mit der Schwarze Löcher verschmelzen, ausreicht, um mit der Verdampfungsgeschwindigkeit Schritt zu halten. Wenn das der Fall ist, wird es stets einige Schwarze Löcher geben, die mit Hilfe ihrer Hawking-Strahlung einer technologisch versierten Gemeinschaft eine Quelle nutzbarer Energie liefern können, womit gegebenfalls die Notwendigkeit des oben beschriebenen Winterschlafs entfällt. Berechnungen der Physiker Don Page und Randall McKee zeigen, daß das Ergebnis dieses Wettstreits auf des Messers Schneide steht und entscheidend von der genauen Geschwindigkeit abhängt, mit der die Ausdehnung des Universums künftig abnimmt; bei einigen Denkmodellen trägt der beim Zusammenballungsprozeß Schwarzer Löcher auftretende Energieüberschuß den Sieg davon.

Außerdem läßt Dysons Darstellung die Möglichkeit außer acht, daß unsere Nachkommen selbst den Versuch unternehmen könnten, den Aufbau des Kosmos in so großem Maßstab zu verändern, daß ihr Überleben gesichert wäre. Die Astrophysiker John Barrow und Frank Tipler haben überlegt, auf welche Weise eine technologisch fortgeschrittene Gesellschaft kleine Korrekturen an den Bewegungen der Gestirne vornehmen könnte, um zu einer für sie günstigen Anordnung der Gravitationsquelle zu gelangen. Beispielsweise ließe sich die Umlaufbahn eines Asteroiden mit Hilfe von Atomwaffen beeinflussen –

etwa so weit, daß er durch das Gravitationsfeld eines Planeten in die Sonne gelenkt würde. Die Wucht eines solchen Aufpralls würde deren Umlaufbahn in der Galaxis um eine Winzigkeit verändern. Zwar würde das nur geringen Einfluß haben, doch sind solche Wirkungen kumulativ: Je weiter sich die Sonne bewegt, um so größer ist die erzielte Verschiebung. Über eine Entfernung von vielen Lichtjahren könnte diese Verlagerung einen entscheidenden Unterschied ausmachen, sofern sich die Sonne einem anderen Stern näherte. Damit würde aus einer flüchtigen Begegnung ein Zusammentreffen, das die Bahn der Sonne durch die Galaxis nachhaltig veränderte. Mittels einer Manipulation vieler Sterne könnte man Haufen astronomischer Körper schaffen und zum Nutzen der Allgemeinheit lenken. Weil sich solche Auswirkungen verstärken und kumulieren, ist die Größe der Systeme, die sich auf diese Weise steuern lassen, unbegrenzt; es genügt hier und da ein leichter Anstoß. Wenn man unseren Nachkommen genug Zeit ließe – und davon dürfte ihnen auf jeden Fall eine Menge zur Verfügung stehen –, könnten sie auf diese Weise ganze Galaxien für ihre Zwecke einspannen.

Diese großartige Manipulation des Kosmos müßte in Konkurrenz treten zu den natürlich auftretenden zufälligen Ereignissen, bei denen Sterne und Galaxien, wie im siebten Kapitel beschrieben, aus Haufen herausgeschleudert werden, welche die Gravitation miteinander verbindet. Barrow und Tipler zufolge würde es 10^{22} Jahre dauern, um mit Hilfe von Asteroiden-Manipulation eine Galaxie umzugestalten. Leider kommt es nach jeweils 10^{19} Jahren zu natürlichen Ablenkungen der Umlaufbahnen, und so hat man durchaus den Eindruck, daß die Aussichten der Natur günstiger stehen als die der Menschheit. Auf der anderen Seite ist es möglich, daß unsere Nachkommen die Herrschaft über Objekte erlangen, die weit größer sind als Asteroiden. Hinzu kommt, daß die Häufigkeit, mit der solche Ablenkungen in der Natur vorkommen, von der Umlaufgeschwindigkeit der Objekte abhängt. Bei ganzen Galaxien nimmt sie ab, während sich das Universum ausdehnt. Aufgrund der geringeren Geschwindigkeiten verlangsamt sich auch die künstliche Manipulation, doch vermindern sich die beiden Wirkungen nicht in gleichem Maße. Es scheint, als gäbe es im Laufe der Zeit weniger natürliche Störungen als künstliche Veränderungen, mit denen eine Gemeinschaft von Technikern das Universum neu ordnen könnte. Das schafft die interessante Möglichkeit, daß intelligente Wesen mit der Zeit immer mehr Macht über ein Universum gewinnen könnten, das immer weniger Ressourcen besitzt, bis die ganze Natur im wesentlichen »technisiert« und die Unterscheidung zwischen dem Natürlichen und Künstlichen aufgehoben ist.

Eine entscheidende Voraussetzung in Dysons Analyse ist, daß im Zusammenhang mit Denkprozessen unvermeidlich Energie in Wärme umgewandelt wird. Für die des Menschen gilt das auf jeden Fall, und noch bis vor kurzem nahm man ganz allgemein an, es sei für jede Art der Informationsverarbeitung ein Mindestpreis an die Thermodynamik zu entrichten. Überraschenderweise trifft das nicht unbedingt zu. Die Informatiker Charles Bennett und Rolf Landauer von IBM haben gezeigt, daß reversible Informationsverarbeitung prinzipiell möglich ist. Das heißt, daß bestimmte (zur Zeit noch völlig hypothetische) physikalische Systeme Informationen ohne Dissipation verarbeiten können. Man kann sich ohne weiteres ein solches System vorstellen, das eine unendliche Anzahl von Gedanken hat, ohne dafür irgendeine Art von Energiequelle zu brauchen! Unklar ist, ob es Informationen ebenso *sammeln* wie verarbeiten könnte, denn es sieht ganz so aus, als bedinge jeder Erwerb nicht-trivialer Informationen aus der Umgebung die eine oder andere Art von Energieumwandlung in Wärme, und sei es nur, weil das Signal vom Rauschen getrennt werden muß. Daher wäre es denkbar, daß dieses anspruchslose Wesen nichts von der Welt wahrnähme, die es umgibt. Allerdings wäre es in der Lage, sich an ein früheres Universum zu erinnern. Vielleicht könnte es auch sogar träumen.

Mehr als ein Jahrhundert lang hat das Bild vom sterbenden Universum die Naturwissenschaftler in seinen Bann gezogen. Die Theorie, daß wir in einem Universum leben, das durch die allenthalben auftretende Entropie ständig mehr verfällt, gehört zur Folklore der naturwissenschaftlichen Allgemeinbildung. Aber wie fest sie sie gegründet? Dürfen wir sicher sein, daß *jeder* physikalische Prozeß unausweichlich zu Chaos und Zerfall führt?

Wie verhält es sich beispielsweise mit der Biologie? Die extreme Haltung, mit der manche Biologen Darwins Evolutionslehre verteidigen, liefert uns einen Hinweis. Meiner Ansicht nach geht diese Reaktion auf den beunruhigenden Widerspruch eines eindeutig konstruktiven Prozesses zurück, den als zutiefst zerstörerisch angesehene physikalische Kräfte vorantreiben. Wahrscheinlich hat das Leben auf der Erde mit einer Art Urschleim begonnen. Heute ist die Biosphäre ein reichhaltiges, komplexes Ökosystem, ein Netz aus hochkomplizierten und äußerst vielfältigen Organismen, die in mannigfacher Wechselwirkung zueinander stehen. Obwohl Biologen alles bestreiten, was auf ein systematisches Fortschreiten der Evolution hindeutet, vielleicht aus Furcht vor Anspielungen auf einen göttlichen Plan, ist Naturwissenschaftlern wie Laien klar, daß etwas in mehr oder weniger der gleichen Richtung vorangeschritten ist, seit Leben auf der Erde besteht. Das Problem ist, diesen Fortschritt genauer zu bestimmen. Was ist da vorangeschritten?

Die vorangehenden Erläuterungen der Überlebensfrage konzentrieren sich auf den Widerstreit zwischen Information (oder Ordnung) und Entropie – wobei die Entropie stets die Oberhand behält. Doch ist die Größe, um die wir uns kümmern müssen, Information *per se*? Sich seinen Weg systematisch durch alle möglichen Gedanken zu suchen, ist letzten Endes ungefähr ebenso spannend, wie wenn man das Telefonbuch läse. Was zählt, ist mit Sicherheit die Qualität der Erfahrung oder, allgemeiner gesagt, die Qualität der Informationen, die da gesammelt und verwendet werden.

Soweit wir das zu sagen vermögen, hat das Universum in einem mehr oder weniger merkmalslosen Zustand begonnen. Im Laufe der Zeit ist es zu der Vielfalt und Reichhaltigkeit der physikalischen Systeme gekommen, die wir heute wahrnehmen können. Daher ist die Geschichte des Universums gleichbedeutend mit der Geschichte der Zunahme organisierter Komplexität. Das klingt wie ein Paradox. Ich habe meine Darstellung damit begonnen, daß ich beschrieb, auf welche Art und Weise uns der Zweite Hauptsatz der Thermodynamik erklärt, daß das Universum im Sterben liegt und unausweichlich aus einem Anfangszustand geringer Entropie in einen Endzustand höchster Entropie hinübergleitet, in dem es keinerlei Aussichten auf einen Weiterbestand gibt. Werden die Dinge nun besser oder schlimmer?

In Wirklichkeit handelt es sich nicht um ein Paradox, weil ein Unterschied zwischen organisierter Komplexität und Entropie oder Unordnung besteht. Letztere ist das Gegenstück zu Information oder Ordnung. Je mehr Informationen man verarbeitet – das heißt, je mehr Ordnung man erzeugt –, desto höher ist der dafür zu entrichtende Preis an Entropie. Wird an einer Stelle Ordnung geschaffen, entsteht an einer anderen Unordnung: Das besagt der Zweite Hauptsatz der Thermodynamik; die Entropie gewinnt immer. Aber Organistation und Komplexität sind nicht bloß Ordnung und Information. Sie beziehen sich auf bestimmte Arten von Ordnung und Information. So erkennen wir beispielsweise einen wichtigen Unterschied zwischen einem Bakterium und einem Kristall. Beide besitzen eine Ordnung, doch ist diese jeweils anders. Ein Kristallgitter weist eine bestimmte starre Struktur auf – zwar formvollendet, aber im großen und ganzen langweilig. Der ausgeklügelte Aufbau eines Bakteriums hingegen ist überaus interessant.

Man könnte das für subjektive Urteile halten, doch sie lassen sich mathematisch untermauern. In den letzten Jahren ist ein ganzes neues Forschungsgebiet entstanden, das sich die Quantifizierung solcher Vorstellungen wie organisierte Vielschichtigkeit zum Ziel gesetzt hat und sich bemüht, allgemeine Prinzipien der Organisation aufzustellen, die sich mit bestehenden physikalischen Gesetzen zur Deckung bringen lassen. Das Arbeitsgebiet steht noch am Anfang, stellt aber bereits jetzt viele traditionelle Theorien zum Thema Ordnung und Chaos in Frage.

In meinem Buch *Prinzip Chaos* habe ich die These aufgestellt, daß im Universum neben dem Zweiten Hauptsatz der Thermodynamik eine Art »Hauptsatz der zunehmenden Komplexität« am Werk ist und diese beiden durchaus miteinander vereinbar seien. In der Praxis führt eine Zunahme organisatorischer Komplexität bei einem physikalischen System zu einem Anstieg der Entropie. So tritt beispielsweise in der biologischen Evolution ein neuer, komplexerer Organismus erst auf, nachdem eine Reihe zerstörerischer physikalischer und biologischer Prozesse stattgefunden hat (ein Beispiel dafür wäre das vorzeitige Absterben schlecht angepaßter Mutanten). Sogar bei der Entstehung einer Schneeflocke wird Abwärme frei, welche die Entropie im Universum steigert. Doch läßt sich der Verlust, wie schon gesagt, nicht unmittelbar in Beziehung dazu setzen, da Organisation nicht das Gegenteil von Entropie ist.

Es ermutigt mich sehr, daß viele andere Forscher zu ähnlichen Schlußfolgerungen gelangt sind und man bestrebt ist, einen »Zweiten Hauptsatz der Komplexität« zu formulieren. Trotz seiner Vereinbarkeit mit dem der Thermodynamik liefert er ein gänzlich anderes Bild von den Veränderungen im All und beschreibt ein Universum, das (in einem durch die Forschungen, von denen ich gesprochen habe, noch genauer zu bestimmenden Sinne) von weitgehend merkmalslosen Anfängen zu immer komplexeren Zuständen vorangeschritten ist.

Im Zusammenhang mit dem Ende des Universums ist die Existenz eines Hauptsatzes zunehmender Komplexität von grundlegender Bedeutung. Wenn organisierte Komplexität nicht das Gegenteil von Entropie ist, stellt der beschränkte Vorrat an negativer Entropie im Universum nicht zwangsläufig eine Begrenzung des Ausmaßes an Komplexität dar. Der in Form von Entropie zu zahlende Preis für das Fortschreiten der Komplexität ist vielleicht ganz unerheblich und nicht – wie im Falle des bloßen Ordnens und Verarbeitens von Informationen – wesentlich. Wenn dem so ist, sind unsere Nachkommen unter Umständen in der Lage, Zustände einer immer komplexeren Organisation zu erreichen, ohne dafür schwindende Ressourcen vergeuden zu müssen. So könnten sie eventuell Beschränkungen in bezug auf die Menge der verarbeiteten Informationen unterworfen sein, nicht aber in bezug auf Vielfalt und Qualtität ihrer geistigen und körperlichen Aktivitäten.

In diesem wie im voraufgegangen Kapitel habe ich versucht, einen Einblick in ein Universum zu geben, das sich zwar verlangsamt, aber vielleicht nie ganz zum Stillstand kommen wird. Ich habe sonderbare Science-fiction-Geschöpfe vorgeführt, die ihre Existenz gegen immer größere Hindernisse behaupten und ihren Einfallsreichtum an der unerbittlichen Logik des Zweiten Hauptsatzes der Thermodynamik erproben. Die Vorstellung ihres verzweifelten, aber nicht unbedingt aussichtslosen Überlebenskampfes mag die einen Leser erheitern und die anderen eher bedrücken. Meine eigenen Gefühle sind gemischt.

Allerdings stützt sich die ganze Spekulation auf die These, daß sich das Universum ewig weiter ausdehnen wird. Wir haben gesehen, daß es sich dabei nur um ein mögliches Schicksal des Kosmos handelt. Wenn die Ausdehnung rasch genug abnimmt, hört das Universum vielleicht eines Tages auf sich auszudehnen und beginnt, sich in Richtung auf einen großen Kollaps zusammenzuziehen. Welche Aussichten bestehen in diesem Fall für ein Überleben?

Ein Leben auf der Überholspur

Wenn es kein ›ewig‹ gibt, kann keine noch so große menschliche oder außerirdische Genialität das Leben in alle Ewigkeit verlängern. Wenn das Universum nur für eine begrenzte Zeit existieren kann, ist die globale Katastrophe unvermeidlich. Im sechsten Kapitel habe ich dargelegt, inwiefern das Schicksal des Universums letztlich von seinem Gesamtgewicht abhängt. Beobachtungen lassen den Schluß zu, daß das Gewicht des Alls sehr nahe an der kritischen Grenze zwischen ewiger Ausdehnung und endgültigem Kollaps liegt. Sollte es tatsächlich eines Tages anfangen sich zusammenzuziehen, werden sich die Erfahrungen empfindungsfähiger Wesen sehr deutlich von dem im vorigen Kapitel Beschriebenen unterscheiden.

Von den frühen Stadien der Zusammenziehung des Universums geht noch keinerlei Bedrohung aus. Wie ein Ball, der auf dem Gipfelpunkt seiner Flugbahn angelangt ist, wird es ganz allmählich anfangen, in sich zusammenzufallen. Nehmen wir einmal an, der Gipfelpunkt werde in hundert Milliarden Jahren erreicht sein. Zu diesem Zeitpunkt brennen noch genug Sterne, und unsere Nachkommen werden in der Lage sein, mit optischen Teleskopen die Bewegungen von Galaxien zu verfolgen. Dabei könnten sie dann beobachten, wie die Galaxienhaufen sich in ihrem Rückzug allmählich verlangsamen und schließlich aufeinanderzuzustürzen beginnen. Die Galaxien, die wir heute sehen, werden dann etwa viermal weiter entfernt sein als jetzt. Durch das höhere Alter des Universums bedingt, werden Astronomen etwa zehnmal so weit sehen können wie wir, so daß das von ihnen beobachtbare Universum weit mehr Galaxien umfassen wird, als wir sie zur Zeit wahrnehmen können.

Da das Licht viele Milliarden Jahre benötigt, um den Kosmos zu durchqueren, werden Astronomen in hundert Milliarden Jahren die Zusammenziehung nicht sehr lange sehen können. Als erstes wird ihnen auffallen, daß sich vergleichsweise nahe Galaxien im Durchschnitt häufiger nähern als zurückweichen. Aber das Licht ferner Galaxien wird nach wie vor rotverschoben erscheinen. Erkennbar wäre ein systematischer Einbruch erst nach mehreren Milliarden Jahren. Leichter wahrnehmen ließe sich eine geringe Veränderung in der Temperatur der kosmischen Hintergrundstrahlung. Es ist daran zu erinnern, daß diese noch vom Urknall stammt und ihre Temperatur gegenwärtig etwa 3 K beträgt, also 3 Grad über dem absoluten Nullpunkt. Sie nimmt mit zunehmender Ausdehnung des Universums ab und wird in hundert Milliarden Jahren auf etwa 1 K zurückgegangen sein. Auf dem Höhepunkt der Ausdehnung wird sie ihren Tiefstwert erreichen und wieder zu steigen beginnen, sobald die Zusammenziehung einsetzt. Wenn sich das Universum auf die gleiche Dichte wie heute zusammengezogen hat, wird sie erneut den Wert 3 K aufweisen. Das wird weitere hundert Milliarden Jahre dauern: Aufstieg und Fall des Universums erfolgen mit annähernder zeitlicher Symmetrie.

Der Zusammenbruch des Universums wird nicht einfach über Nacht kommen. Unsere Nachkommen werden noch Milliarden Jahre nach Beginn der Zusammenziehung gut leben können. Allerdings wird die Lage nicht ganz so rosig sein, wenn nach sehr viel längerer Zeit die Wende eintritt – beispielsweise nach einer Billion Billion Jahren. In diesem Fall werden die Sterne ausgebrannt sein, bevor der Höhepunkt erreicht ist, und die dann noch lebenden Erdbewohner werden sich einer ganzen Reihe von Schwierigkeiten gegenübersehen, die mit einem sich ständig ausdehnenden Universum verbunden sind.

Wann immer der Umschwung einsetzt, das Universum wird nach ebenso vielen Jahren, von heute bis zu dieser Wende gerechnet, seine gegenwärtige Größe wiedererlangen. Sein Aussehen wird sich dann allerdings sehr verändert haben. Selbst für den Fall, daß der Umschwung nach hundert Milliarden Jahren eintritt, wird es weit mehr Schwarze Löcher und weit weniger Sterne geben als heute. Bewohnbare Planeten werden äußerst rar sein.

Um die Zeit, in der das Universum seine gegenwärtige Größe wieder erreicht, wird es sich ziemlich rasch zusammenziehen und im Verlauf von dreieinhalb Milliarden Jahren auf die Hälfte seiner Größe schrumpfen. Dieser Prozeß wird immer schneller ablaufen. Richtig interessant wird es aber etwa zehn Milliarden Jahre nach diesem Zeitpunkt, wenn der Anstieg der Temperatur der kosmischen Hintergrundstrahlung zu einer ernsthaften Bedrohung geworden ist. Bis sie etwa 300 K erreicht hat, dürfte es für einen Planeten wie die Erde schwer werden, Wärme abzustrahlen. Er würde sich allmählich unaufhaltsam erwärmen. Erst würden Gletscher oder Eiskappen an den Polen schmelzen, und dann würden die Weltmeere verdampfen.

Vierzig Millionen Jahre später würde die Temperatur der Hintergrundstrahlung die Durchschnittstemperatur erreichen, die heute auf der Erde herrscht. Erdähnliche Planeten wären dann völlig unbewohnbar. Da sich die Sonne inzwischen zu einem roten Riesen ausgedehnt hätte, hätte dies Geschick die Erde bis dahin natürlich längst ereilt, und für unsere Nachkommen gäbe es keinen sicheren Hafen mehr. Die Wärmestrahlung würde das Universum anfüllen. Im gesamten Weltraum herrschte eine Temperatur von 200° C, und sie stiege weiter an. Astronomen, die sich an diese Bedingungen angepaßt oder gekühlte Ökosysteme geschaffen hätten, um den Zeitpunkt ihres Gebratenwerdens hinauszuzögern, könnten beobachten, daß das Universum nunmehr beschleunigt zusammenbricht und seine Größe im Verlauf weniger Millionen Jahre auf die Hälfte reduziert. Galaxien, die dann noch existierten, wären miteinander verschmolzen und nicht mehr als solche erkennbar. Dennoch gäbe es nach wie vor viel leeren Raum; nur selten käme es zu Zusammenstößen zwischen einzelnen Sternen.

Während das Universum seiner Endphase entgegentriebe, würden die in ihm herrschenden Bedingungen den Verhältnissen kurz nach dem Urknall immer ähnlicher. Der Astronom Martin Rees hat eine eschatologische Untersuchung des zusammenbrechenden Kosmos durchgeführt. Unter Verwendung allgemeiner physikalischer Grundsätze konnte er ein Bild von den letzten Stadien des Zusammenbruchs entwerfen. Zum Schluß wäre die kosmische Hitzestrahlung so intensiv, daß der Nachthimmel dunkelrot erglühen würde. Allmählich würde sich das Universum in einen alles umfassenden kosmischen Schmelzofen verwandeln, der die Planeten ihrer Atmosphäre berauben und alle anfälligen Formen des Lebens verglühen ließe, wo auch immer sie sich verborgen hielten. Nach und nach würde aus dem roten ein gelbes und schließlich ein weißes Leuchten, bis die im gesamten Universum anzutreffende ungeheure Wärmestrahlung sogar die Existenz der Sterne bedrohte. Da diese ihre Energie nicht abstrahlen könnten, würden sie die Wärme in ihrem Inneren speichern und schließlich explodieren. Der Weltraum würde sich mit Plasma, glühend heißem Gas, anfüllen und immer weiter erwärmen.

In dem Maße, wie sich das Tempo der Veränderungen beschleunigt, werden die Bedingungen immer extremer. Das Universum beginnt sich in einem Zeitraum von lediglich hunderttausend, dann tausend und schließlich hundert Jahren erkennbar zu verändern; immer rascher stürmt es seinem schließlichen Untergang entgegen. Die Temperatur steigt auf Millionen und schließlich Milliarden Grad an. Materie, die heute ungeheure Bereiche des Weltraums einnimmt, wird auf winzige Volumina zusammengepreßt. Die Masse einer Galaxie nimmt einen Raum von nur wenigen Lichtjahren Größe ein. Die letzten drei Minuten haben begonnen.

Schließlich wird die Temperatur so hoch, daß selbst Atomkerne zerfallen. Die Materie wird zu einer einheitlichen Suppe aus Elementarteilchen. Alles, was Urknall und Generationen von Sternen an schweren chemischen Elementen geschaffen haben, wird schneller rückgängig gemacht, als es dauert, diese Buchseite zu lesen. Atomkerne – stabile Gefüge, die Billionen Jahre überstanden haben mögen – werden unwiderruflich zerschmettert. Mit Ausnahme der Schwarzen Löcher sind alle anderen Gebilde längst zu nichts verglüht. Jetzt ist das Universum von eleganter, aber unheilvoller Einfachheit gekennzeichnet. Es hat nur noch Sekunden zu leben.

Während der Kollaps des Kosmos immer schneller voranschreitet, steigt die Temperatur immer rascher an, ohne daß es eine bestimmte Grenze dafür gäbe. Die Materie wird so stark zusammengepreßt, daß es keine einzelnen Protonen und Neutronen mehr gibt; alles ist nur noch eine Suppe aus Quarks. Der Zusammenbruch beschleunigt sich weiter.

Jetzt ist alles für die endgültige kosmische Katastrophe bereit, bis zu deren Eintreten es nur noch wenige Mikrosekunden dauert. Schwarze Löcher beginnen miteinander zu verschmelzen, wobei sich ihr Inneres kaum von dem allgemeinen, im Zusammenbruch befindlichen Zustand des Universums unterscheidet. Nur Raumzeit-Bereiche, die etwas verfrüht an ihr Ende gelangt sind, werden noch dem Rest des Kosmos einverleibt.

In den letzten Augenblicken wird die Gravitation zur alles beherrschenden Kraft, die Materie und Raum erbarmungslos zerstört. Die Krümmung der Raumzeit nimmt ständig schneller zu. Immer ausgedehntere Bereiche des Raumes werden auf immer kleinere Volumina verdichtet. Der herkömmlichen Theorie zufolge wird die Implosion ungeheuerlich sein. Sie wird die ganze Materie vernichten und jedes physikalische Objekt, einschließlich Zeit und Raum, in einer Raumzeit-Singularität verschwinden lassen.

Das ist das Ende.

Der »große Kollaps«, soweit wir ihn verstehen, bedeutet nicht nur das Ende der Materie. Er ist das Ende von *allem*. Da auch die Zeit aufhört, ist die Frage, was anschließend geschieht, ebenso sinnlos wie die, was vor dem Urknall war. Es gibt nichts, was ›anschließend‹ geschehen könnte – weder Zeit für Inaktivität, noch Raum für Leere. Ein Universum, das im Urknall aus dem Nichts entstand, verschwindet beim großen Kollaps ins Nichts, und die paar gloriosen Xillionen Jahre seiner Existenz werden nicht einmal eine Erinnerung sein.

Sollten wir uns durch eine solche Aussicht niederdrücken lassen? Was wäre schlimmer: ein Universum, das langsam zerfällt und sich auf alle Zeiten zu einem Zustand dunkler Leere hin ausdehnt, oder eines, das ins Feuer des Vergessens hinein implodiert? Und welche Hoffnung auf Unsterblichkeit gibt es in einem Universum, dem vorherbestimmt ist, daß ihm die Zeit ausgeht?

Die Aussichten für das Leben vor dem großen Zusammenbruch sind noch trüber als in der fernen Zukunft eines sich unaufhörlich ausdehnenden Universums. Hier liegt die Schwierigkeit nicht in einem Energiemangel, sondern in einem Energieüberschuß begründet. Doch unseren Nachkommen werden möglicherweise Milliarden, wenn nicht Billionen Jahre zur Verfügung stehen, um sich auf den endgültigen Feuersturm vorzubereiten. Während dieser Zeit könnte sich das Leben über das gesamte Universum ausdehnen. Beim einfachsten Modell eines in sich zusammenbrechenden Universums ist das Gesamtvolumen des Raumes endlich. Das hängt mit seiner Krümmung zusammen, die es ihm gestattet, die dreidimensionale Entsprechung einer Kugeloberfläche zu bilden. Daher ist es denkbar, daß sich intelligente Wesen über das ganze Universum ausbreiten und die Kontrolle darüber erlangen können, was ihnen die Möglichkeit gäbe, sich dem großen Kollaps mit allen verfügbaren Mitteln zu stellen.

Allerdings ist nicht so ohne weiteres einzusehen, warum sie

sich darüber den Kopf zerbrechen sollten. Setzt man voraus, daß nach dem großen Kollaps jede Existenz unmöglich ist – welchen Sinn hätte es dann, die Qual noch um einiges zu verlängern? Ob die Vernichtung eine oder zehn Millionen Jahre vor dem Ende erfolgt, ist in einem Billionen Jahre alten Universum unerheblich. Aber wir dürfen nicht vergessen, daß Zeit eine relative Größe ist. Die subjektive Zeit unserer Nachkommen wird ebenso von der Geschwindigkeit ihres Stoffwechsels wie von der ihrer Informationsverarbeitung abhängen. Wenn wir annehmen, daß ihnen viel Zeit zur Anpassung ihrer Körperlichkeit zur Verfügung steht, ist es ihnen eventuell möglich, die ihnen drohende Hölle in eine Art Unsterblichkeit umzuwandeln.

Ein Temperaturanstieg bedeutet, daß sich Teilchen schneller bewegen und physikalische Prozesse schneller ablaufen. Erinnern wir uns daran, daß die entscheidende Fähigkeit, die von einem empfindungsfähigen Wesen gefordert wird, seine Fähigkeit ist, Informationen zu verarbeiten. In einem Universum mit steigender Temperatur wird auch die Informationsverarbeitung schneller vor sich gehen. Für ein Wesen, dessen thermodynamische Prozesse mit einer Milliarde Grad Celsius ablaufen, scheint das unmittelbar bevorstehende Auslöschen des Universums Jahre entfernt zu liegen. Es gibt keinen Grund, das Ende der Zeit zu fürchten, wenn sich die verfügbare Zeit im Bewußtsein des Beobachters unendlich dehnen läßt. Wie sich der Zusammenbruch auf den endgültigen Kollaps hin beschleunigt, so könnten sich die subjektiven Wahrnehmungen der Beobachter im Prinzip immer schneller ausweiten und dem raschen Sturz in den Weltuntergang mit einer erhöhten Denkgeschwindigkeit entsprechen.

Man könnte sich die Frage stellen, ob ein intelligentes Superwesen, welches das zusammenbrechende Universum in den letzten Augenblicken bewohnt, in der verfügbaren endlichen Zeit zu einer unendlichen Anzahl Gedanken und Empfindungen fähig wäre. Dieser Frage sind John Barrow und Frank Tipler nachgegangen. Die Antwort hängt entscheidend von den physikalischen Gegebenheiten der letzten Stadien ab. Beispielsweise ergibt sich eine größere Schwierigkeit, wenn wir voraussetzen, daß das Universum auf seinem Weg zur endgültigen Singularität ziemlich gleichförmig bleibt. Wie schnell auch immer jemand zu denken vermag – die Lichtgeschwindigkeit bleibt unverändert, und so kann das Licht pro Sekunde bestenfalls die Entfernung einer Lichtsekunde zurücklegen. Da die Lichtgeschwindigkeit die Grenzgeschwindigkeit definiert, mit der sich *jede* physikalische Wirkung fortzupflanzen vermag, bedeutet das, daß im Verlauf der letzten Sekunde keine Kommunikation zwischen Regionen des Raumes stattfinden kann, die weiter als eine Lichtsekunde voneinander entfernt liegen. (Das ist ein weiteres Beispiel für einen Ereignishorizont, ähnlich dem, der verhindert, daß Informationen aus einem Schwarzen Loch herausgelangen.) Während sich das Ende nähert, nimmt die Größe der Regionen, die miteinander kommunizieren können, ebenso ab wie die Zahl der in ihnen enthaltenen Teilchen und geht gegen Null. Damit ein System Informationen verarbeiten kann, müssen aber alle seine Bestandteile miteinander kommunizieren können. Offensichtlich begrenzt die endliche Geschwindigkeit des Lichts die Größe eines jeden ›Gehirns‹, das existiert, wenn das Ende naht. Das wiederum bedeutet unter Umständen eine Begrenzung der verschiedenen Zustände – und mithin Gedanken–, die einem solchen Gehirn zu Verfügung stehen.

Soll diese Beschränkung nicht gelten, dürfen die letzten Phasen des Zusammenbruchs nicht gleichförmig verlaufen – und diese Möglichkeit ist durchaus wahrscheinlich. Gründliche mathematische Untersuchungen des Zusammenbruchs lassen die Vermutung zu, daß die Geschwindigkeit, mit der das Universum implodiert, in verschiedenen Richtungen unterschiedlich sein wird. Merkwürdigerweise geht es dabei nicht einfach darum, daß es sich in der einen Richtung rascher zusammenzieht als in der anderen. In Wirklichkeit kommt es zu Schwingungen, so daß sich die Richtung, in der die Zerfallsgeschwindigkeit am größten ist, immer wieder ändert. Tatsächlich taumelt das Universum seinem Ende in immer heftigeren und komplexeren Schwingungen entgegen.

Barrow und Tipler vermuten, daß diese komplizierten Schwingungen den Ereignishorizont erst in dieser und dann in jener Richtung aufheben, womit allen Regionen des Raumes die Möglichkeit gegeben wäre, miteinander in Verbindung zu bleiben. Ein unter Umständen existierendes Supergehirn müßte die Kommunikation aus einer Richtung rasch in die andere umschalten, während die Schwingungen den Zusammenbruch erst hier und dann da beschleunigen. Wenn es ihm gelänge, den Takt der Schwingungen einzuhalten, könnten diese sogar die für die Denkprozesse erforderliche Energie liefern. Auch zeigen einfache mathematische Modelle, daß es in der endlichen Zeitspanne, in welcher der große Kollaps abläuft, allem Anschein nach zu einer unendlichen Zahl von Schwingungen kommt. Damit bestünde die Möglichkeit, eine unendliche Menge an Informationen zu verarbeiten, was dem Superwesen hypothetisch eine unendlich lange subjektive Zeit zur Verfügung stellen würde. So könnte es sein, daß die geistige Welt nie endet, obwohl die physikalische Welt beim großen Kollaps schlagartig ihr Ende findet.

Was könnte ein Hirn mit unbegrenzten Fähigkeiten tun? Tipler zufolge wäre es nicht nur imstande, über alle möglichen Aspekte seiner eigenen Existenz sowie der des Universums, die es in sich schlösse, zu reflektieren, es könnte auch mit seiner unendlichen Fähigkeit zur Informationsverarbeitung in einer Orgie virtueller Realität imaginäre Welten simulieren. Die Zahl der möglichen Universen, die es sich auf diese Art vorzustellen vermöchte, wäre unendlich. Nicht nur würden sich die letzten drei Minuten bis in alle Ewigkeit hinziehen, sie würden auch die simulierte Realität einer unendlichen Vielfalt kosmischer Tätigkeit ermöglichen.

Leider hängen diese (recht wilden) Spekulationen von ganz bestimmten physikalischen Modellen ab, die sich als ganz und gar unrealistisch erweisen könnten. Außerdem bleiben dabei die Quantenwirkungen außer acht, die wahrscheinlich die letzten Stadien des Gravitations-Zusammenbruchs beherrschen würden und der Geschwindigkeit der Informationsverarbeitung sehr wohl eine genaue Grenze setzen könnten. Wenn sich das so verhält, können wir nur hoffen, daß das Superwesen oder der Superrechner die Existenz in der verfügbaren Zeit hinreichend gut versteht, um sich mit seiner eigenen Sterblichkeit abzufinden.

Plötzlicher Tod und Wiedergeburt

Bisher bin ich von der Annahme ausgegangen, man müsse in der sehr fernen und möglicherweise unendlichen Zukunft mit dem Ende des Universums rechnen, ob es nun in einem lauten Knall oder mit Gewimmer erfolgt (oder genauer gesagt, durch Kollaps oder Tiefgefrieren). Wenn das Universum zusammenbräche, hätten unsere Nachkommen viele Milliarden Jahre zuvor Kenntnis von der bevorstehenden Katastrophe. Aber es gibt noch eine weitere Möglichkeit, und sie ist insgesamt beklemmender.

Wie ich erklärt habe, sehen Astronomen beim Blick zum Himmel das All nicht in seinem gegenwärtigen Zustand, sozusagen als unmittelbaren Schnappschuß. Wegen der Zeit, die es dauert, bis das Licht aus fernen Regionen des Weltraums die Erde erreicht, sehen wir jedes Objekt im Raum so, wie es in dem Augenblick war, als das Licht ausgesandt wurde. Mit dem Teleskop blickt man also nicht nur in die Ferne, sondern auch in die Zeit. Je weiter ein Objekt entfernt ist, desto weiter aus der Vergangenheit kommt das Bild, das wir heute sehen. Tatsächlich ist das Universum des Astronomen ein in Abbildung 10.1 abgebildeter rückwärts gerichteter Schnitt durch Raum und Zeit. In der Fachsprache wird er »Vergangenheitslichtkegel« genannt.

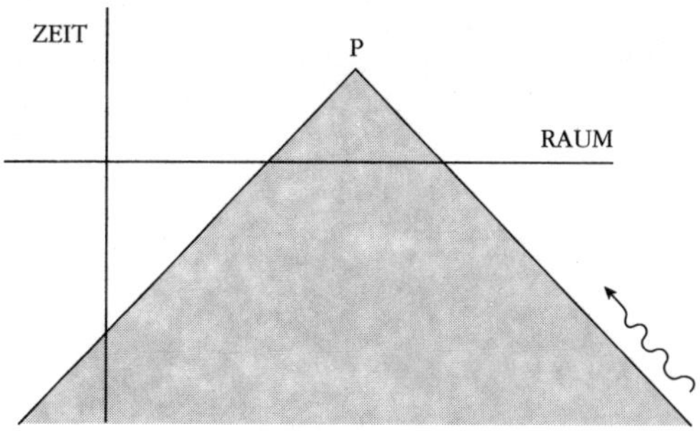

Abbildung 8: Von einem bestimmten Punkt P in Raum und Zeit – z. B. *hier* und *jetzt* – sieht ein Astronom das Universum, auf das er den Blick richtet, so, wie es in der Vergangenheit war, nicht aber wie es heute ist. Die an P eintreffende Information bewegt sich entlang dem von den schrägen Linien gekennzeichneten »Vergangenheitslichtkegel« durch P. Dabei handelt es sich um den jeweiligen Weg der Lichtsignale, die aus fernen Regionen des Universums in der Vergangenheit auf der Erde eintreffen. Da sich physikalische Einflüsse ebensowenig wie Informationen schneller als mit Lichtgeschwindigkeit fortpflanzen können, vermag der Beobachter im genannten Augenblick lediglich etwas über Einflüsse und Ereignisse zu erfahren, die im schraffierten Bereich stattfinden. Obwohl ein Ereignis von apokalyptischen Ausmaßen, das außerhalb des Vergangenheitslichtkegels liegt, katastrophale Auswirkungen (Wellenlinie) zur Erde schicken kann, würde der Beobachter erst dann etwas davon erfahren, wenn sie hier eintreffen.

Der Relativitätstheorie zufolge kann sich keine Information beziehungsweise kein physikalischer Einfluß schneller fortpflanzen als mit Lichtgeschwindigkeit. Daher kennzeichnet der Vergangenheitslichtkegel nicht nur die Grenze alles Wissens über das Universum, sondern auch die aller Ereignisse, die uns vielleicht jetzt betreffen. Daraus ergibt sich, daß ein beliebiger physikalischer Einfluß, der sich uns mit Lichtgeschwindigkeit nähert, ohne jede Vorankündigung eintrifft. Wäre eine Katastrophe über den Vergangenheitslichtkegel auf dem Weg zu uns, gäbe es keinen Boten, der das Verhängnis ankündigte. Wir würden erst davon erfahren, wenn es uns träfe.

Ein einfaches hypothetisches Beispiel: Eine Explosion der Sonne in diesem Augenblick würden wir erst etwa achteinhalb Minuten später mitbekommen, weil das Licht von ihr aus so lange bis zur Erde braucht. So ist es durchaus möglich, daß ein in unserer Nähe befindlicher Stern schon vor Jahren als Supernova explodiert ist – ein Ereignis, das die Erde mit einer tödlichen Strahlung einhüllen könnte – und wir nicht ahnten, daß die schlechte Nachricht mit Lichtgeschwindigkeit durch die Galaxis auf uns zurast. Auch wenn das Universum im Augenblick einen ganz ruhigen Eindruck zu machen scheint, können wir nicht sicher sein, daß nicht längst etwas wirklich Schreckliches geschehen ist.

Meist rufen plötzliche Ausbrüche im Universum Schäden hervor, die sich auf die unmittelbare kosmische Nachbarschaft beschränken. Stirbt ein Stern oder stürzt Materie in ein Schwarzes Loch, zieht das Planeten und nahe Sterne bis in eine Entfernung von möglicherweise wenigen Lichtjahren in Mitleidenschaft. Am spektakulärsten scheinen die Ereignisse zu sein, die im Kern mancher Galaxien stattfinden. Wie schon beschrieben, werden gelegentlich gewaltige Materieströme mit einem beträchtlichen Teil der Lichtgeschwindigkeit hinausgeschleudert, wobei auch ungeheure Mengen an Strahlung auftreten. Das ist Gewalt im galaktischen Maßstab.

Wie aber verhält es sich mit Ereignissen, die das ganze Universum in Schutt und Asche legen können? Wäre ein Ausbruch möglich, der das gesamte Universum auf einen Schlag vernichtet – sozusagen in der Blüte seiner Jahre? Kann es sein, daß eine Katastrophe wahrhaft kosmischen Ausmaßes schon ausgelöst wurde und ihre unerfreulichen Auswirkungen über den Vergangenheitslichtkegel in diesem Augenblick auf unsere anfällige Nische in Ort und Zeit zurollen?

Die Physiker Sidney Coleman und Frank De Luccia haben 1980 in der Zeitschrift *Physical Review D* einen wichtigen Aufsatz mit dem harmlos klingenden Titel »Gravitational Effects on and of Vacuum Decay« [etwa: Die Wirkungen, die von der

Gravitation auf den Zerfall des Vakuums ausgeübt werden und von diesem ausgehen] veröffentlicht. Das Vakuum, auf das sie sich beziehen, ist nicht einfach leerer Raum, sondern der Vakuumzustand der Quantenphysik. Im dritten Kapitel habe ich erklärt, daß das, was uns als vollständige Leere erscheint, in Wahrheit von kurzlebiger Quantenaktivität nur so strotzt, wobei geisterhafte virtuelle Teilchen wie aus dem Nichts auftauchen und ebenso zufällig wieder verschwinden. Man erinnere sich, daß dieser Vakuumzustand nicht einmalig zu sein braucht; es könnte mehrere Quantenzustände geben, die alle miteinander leer erscheinen, in Wirklichkeit aber verschiedene Stufen der Quantenaktivität und unterschiedliche damit verbundene Energien aufweisen.

Ein fester Grundsatz der Quantenphysik heißt, daß Zustände mit höherer Energie zu solchen mit geringerer Energie tendieren. Beispielsweise kann ein Atom verschiedene angeregte Zustände annehmen, von denen jeder instabil ist. In diesem Fall wird es versuchen, in den Zustand mit der geringsten Energie beziehungsweise den ›Grundzustand‹ überzugehen, welcher stabil ist. In ähnlicher Weise wird ein »angeregtes« Vakuum versuchen, in den Zustand der geringsten Energie überzugehen, den des »echten« Vakuums. Die Vorstellung vom sich aufblähenden Universum stützt sich auf die Theorie, das sehr frühe Universum habe einen angeregten oder »falschen« Vakuumzustand besessen, in dessen Verlauf es sich gewaltig aufblähte, dieser aber sei in sehr kurzer Zeit in den des echten Vakuums übergegangen, und damit habe die Aufblähung aufgehört.

Heute nimmt man in der Regel an, daß der gegenwärtige Zustand des Universums dem des echten Vakuums entspreche, das heißt, daß der leere Raum in der jetzigen Zeit das Vakuum mit der geringstmöglichen Energie sei. Aber können wir dessen sicher sein? Coleman und De Luccia erwägen die äußerst beunruhigende Möglichkeit, daß es sich bei dem gegenwärigen Vakuum vielleicht gar nicht um das echte, sondern lediglich um ein langlebiges (meta-stabiles) Vakuum handelt, das uns eine falsche Sicherheit vorgaukelt, weil es schon seit einigen Milliarden Jahren andauert. Uns sind viele Quantensysteme mit einer Halbwertzeit von Milliarden Jahren bekannt – beispielsweise Urankerne. Angenommen, das gegenwärtige Vakuum fällt in diese Kategorie. Der im Titel von Coleman und De Luccias Aufsatz angesprochene »Zerfall« des Vakuums bezieht sich auf die katastrophale Möglichkeit, daß dessen gegenwärtiger Zustand schlagartig enden und der Kosmos in einen Zustand noch geringerer Energie stürzen könnte. Das hätte für uns (und alles andere) schreckliche Konsequenzen.

Der Schlüssel zu Colemans und De Luccias Hypothese ist das Phänomen des Tunneleffekts. Dieser läßt sich am besten anhand des einfachen Falls eines Quantenteilchens illustrieren, das durch eine Kraft festgehalten wird. Nehmen wir an, es sitzt in einer kleinen Vertiefung, zu deren beiden Seiten Hügel aufragen, wie in Abbildung 9 gezeigt wird. Natürlich brauchen das keine wirklichen Hügel zu sein; es kann sich dabei beispielsweise um elektrische oder nukleare Kraftfelder handeln. Da das Teilchen über keine zur Überwindung der Hügel (oder der Kraft) erforderliche Energie verfügt, sieht es so aus, als sitze es für alle Zeiten in der Falle. Doch sei daran erinnert, daß für alle Quantenteilchen Heisenbergs Unschärferelation gilt, die es ihnen ermöglicht, sich für einen kurzen Zeitraum Energie auszuleihen. Das eröffnet eine faszinierende Aussicht. Wenn das Teilchen ein Energiedarlehen aufnehmen kann, das ausreicht, die Spitze des Hügels zu erreichen und auf die andere Seite zu gelangen, bevor es das Darlehen zurückzahlen muß, kann es der Vertiefung entkommen. Man kann sagen, es habe sich einen »Tunnel« durch das Hindernis gegraben.

Die Wahrscheinlichkeit, daß sich ein Quantenteilchen auf diese Weise durch einen Tunnel aus einem Tal herausarbeitet, hängt ganz entscheidend von der Höhe und Breite des Hindernisses ab. Je höher es ist, desto mehr Energie muß sich das Teilchen ausleihen, um es zu überwinden, und für einen um so kürzeren Zeitraum wird ihm, gemäß der Unschärferelation, das Darlehen

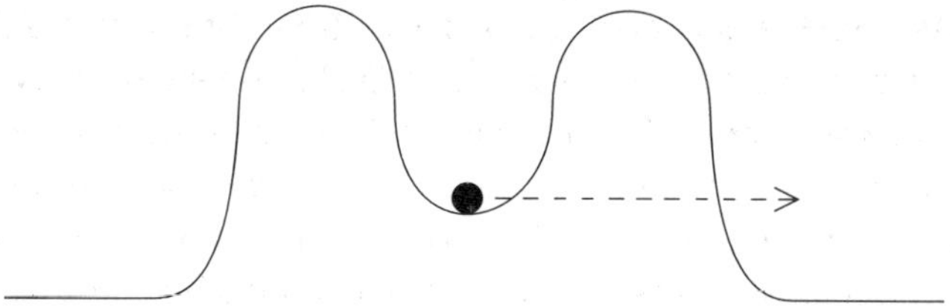

Abbildung 9: Tunneleffekt. Wenn ein Quantenteilchen zwischen zwei Hügeln in einem Tal gefangensitzt, besteht wenig Aussicht, daß es entkommt, wenn es sich Energie leiht, um den Hügel zu überwinden. Es bohrt sich, wie man sieht, einen Tunnel durch das Hindernis. Zu einem bekannten Fall dieser Art kommt es beim sogenannten Alpha-Zerfall. Dabei durchbohren in den Kernen bestimmter Elemente Alphateilchen die Schranke der Kernkraft und fliegen davon. Im hier angeführten Beispiel – die Zeichnung ist lediglich schematisch – besteht der »Hügel« aus nuklearen und elektrischen Kräften.

gewährt. Daher lassen sich höhe Hindernisse nur dann durch einen Tunnel überwinden, wenn sie zugleich von geringem Durchmesser sind, was es dem Teilchen ermöglicht, sie rasch genug zu durchdringen, um seine Schuld rechtzeitig zurückzuzahlen. Das ist der Grund, warum man den Tunneleffekt im Alltagsleben nicht bemerkt: Makroskopische Hindernisse sind viel zu hoch und zu breit, als daß es in bemerkenswertem Ausmaß zu einer Untertunnelung kommen könnte. Dem Grundsatz nach hat ein Mensch die Möglichkeit, eine Ziegelmauer zu durchschreiten, doch ist die Quantentunnel-Wahrscheinlichkeit für dies Wunder ungeheuer gering. Auf atomarer Ebene allerdings ist die Untertunnelung weit verbreitet; beispielsweise geht die Alphastrahlung darauf zurück. Auch bei Halbleitern und elektronischen Einrichtungen wie beispielsweise dem Raster-Tunnel-Elektronenmikroskop, macht man sich den Tunneleffekt zunutze.

Im Hinblick auf die Frage, ob das gegenwärige Vakuum möglicherweise zerfällt, äußern Coleman und De Luccia die Vermutung, daß die Quantenfelder, aus denen es besteht, einer

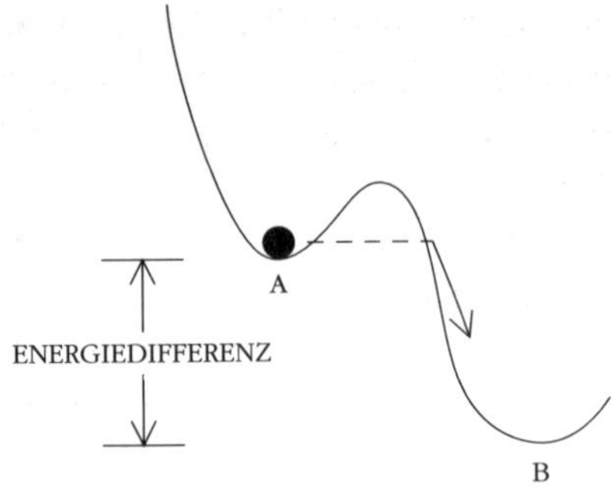

Abbildung 10: Falsche und echte Vakuumzustände. Möglicherweise ist der gegenwärtige Quantenzustand des leeren Raumes A nicht der Zustand der geringsten Energie, gleichwohl aber mehr oder weniger stabil, weil er einer Art Hochtal entspricht. In dem Fall gäbe es eine geringe Möglichkeit, daß der Zustand durch den Tunneleffekt zum wahrhaft stabilen Grundzustand B hin zerfällt. Beim Übergang zwischen diesen Zuständen, zu dem es durch ›Blasenbildung‹ käme, würde eine ungeheure Energiemenge freigesetzt.

(metaphorischen) Landschaft von Kräften wie der in Abbildung 10 gezeigten ausgesetzt sein könnten. Der gegenwärtige Vakuumzustand entspricht dem Boden des Tales A, das echte Vakuum hingegen dem des Tales B, das tiefer liegt als A. Das Vakuum würde gern aus dem höheren Energiezustand A in den niedrigeren B übergehen, doch ist ihm dabei der »Hügel« beziehungsweise das dazwischenliegende Kräftefeld im Wege. Der Hügel kann den Vorgang wegen des Tunneleffekts jedoch nicht völlig verhindern: Das System kann sich einen Tunnel von Tal A zu Tal B graben. Wenn diese Theorie stimmt, lebt das Universum von geliehener Zeit oben im Tal A, wobei stets die Möglichkeit besteht, daß es sich in einem beliebigen Augenblick einen Tunnel ins Tal B gräbt.

Es ist Coleman und De Luccia gelungen, den Zerfall des Vakuums in einem mathematischen Modell darzustellen und zu zeigen, wie das Phänomen sich ereignet. Sie stellten fest, daß der Zerfall an einem zufälligen Ort im Raum beginnt, indem sich eine von instabilem falschen Vakuum umgebene winzige Blase aus echtem Vakuum bildet. Gleich nach ihrer Entstehung wird sie sich mit einem Tempo ausdehnen, das sich rasch der Lichtgeschwindigkeit annähert. Damit nimmt sie einen immer größeren Bereich des falschen Vakuums in sich auf und wandelt es unverzüglich in echtes Vakuum um. Die Energiedifferenz zwischen beiden Zuständen – die den im dritten Kapitel angesprochenen ungeheuren Wert I haben kann (nämlich 10^{87} Joule pro cm^3 Raum) – konzentriert sich in der Wandung der Blase, die sich durch das Universum wälzt und alles mit Vernichtung bedroht, was ihr in den Weg kommt.

Den ersten Hinweis auf die Existenz einer Blase aus echtem Vakuum würde uns ihr Eintreffen liefern, wobei die Vorwarnzeit nicht einmal drei Minuten betrüge. Damit würde sich die Quantenstruktur unserer Welt mit einem Mal verändern. Von einem Augenblick auf den nächsten würden sich die Wesen aller Elementarteilchen sowie ihre Wechselwirkungen drastisch verändern; beispielsweise könnten Protonen ganz plötzlich zerfallen. Das Ergebnis wäre ein schlagartiges Verdampfen aller Materie. Was übrigbliebe, befände sich in der Blase des echten Vakuums – eine Situation, die sich deutlich von der unterschiede, die wir gegenwärtig wahrnehmen können. Die auffälligste Abweichung beträfe die Gravitation. Coleman und De Luccia zufolge würden Energie und Druck des echten Vakuums ein so starkes Gravitationsfeld aufbauen, daß unter seiner Wirkung die von der Blase erfaßte Region, noch während sich die Blasenwandung ausdehnte, in einem Zeitraum zusammenbrechen würde, der nicht einmal Mikrosekunden umfaßte. Hier gäbe es keinen unmerklichen Abstieg hin zu einem Zusammenbruch, sondern statt dessen eine sofortige Zerstörung von allem, während das Blaseninnere zu einer Raumzeit-Singularität implodierte. Kurz, augenblickliche Vernichtung. »Diese Aussicht ist entmutigend«, erklären die Autoren mit souveränem Understatement und fahren fort:

Die Möglichkeit, daß wir in einem falschen Vakuum leben, hat zu keiner Zeit eine besonders begeisternde Aussicht geboten. Der Vakuumzerfall bedeutet die endgültige ökologische Katastrophe; nach ihm ist nicht nur das Leben, wie wir es kennen, unmöglich, sondern auch die Chemie, so wie wir sie kennen. Bisher konnte man sich immer noch mit der Möglichkeit trösten, daß das neue Vakuum im Laufe der Zeit, wenn schon nicht das Leben, wie wir es kennen, dann doch vielleicht einige Strukturen erhalten könnte, die zu etwas Erfreulichem taugten. Diese Möglichkeit scheidet jetzt aus.

Nach der Veröffentlichung von Colemans und De Luccias Aufsatz diskutierten Physiker und Astronomen intensiv die verheerenden Folgen des Vakuumzerfalls. In einer Nachfolgeuntersuchung, die in der Zeitschrift *Nature* veröffentlicht wurde, kamen der Kosmologe Michael Turner und der Physiker Frank Wilczek zu einer apokalyptischen Schlußfolgerung: »Vom Standpunkt der Mikrophysik aus ist es also durchaus vorstellbar, daß unser Vakuum metastabil ist... es könnte sich im Universum jederzeit um einen Kern herum eine Blase aus echtem Vakuum bilden und mit Lichtgeschwindigkeit nach außen bewegen.

Kurz nach Erscheinen des Aufsatzes von Turner und Wilczek beschworen Piet Hut und Martin Rees, die ihre Ergebnisse ebenfalls in *Nature* vorlegten, das beunruhigende Gespenst herauf, Teilchenphysiker könnten völlig unbeabsichtigt die Entstehung einer das Universum zerstörenden Vakuumblase auslösen! Ihre Besorgnis stützt sich darauf, daß bei einem mit sehr hoher Energie erfolgenden Zusammenprall von Elementarteilchen – in einer sehr kleinen Region des Raumes und einem sehr kurzen Augenblick – Bedingungen entstehen könnten, die das Vakuum zum Zerfall veranlassen. Wäre der Übergang erst einmal vollzogen, und sei es auch nur in mikroskopisch kleinem Maßstab, könnte nichts die neuentstandene Blase daran hindern, sich rasch zu astronomischer Größe aufzublähen. Sollten wir ein Verbot für die nächste Generation von Teilchenbeschleunigern aussprechen? Hut und Rees gaben beruhigende Erklärungen ab und wiesen darauf hin, daß kosmische Strahlung, die höhere Energiewerte erreicht, als wir sie in unseren Teilchenbeschleunigern zu erzeugen vermögen, seit Milliarden von Jahren Atomkerne in der Erdatmosphäre bombardiert, ohne daß es dabei zum Vakuumzerfall gekommen wäre. Auf der anderen Seite seien wir imstande, erklären sie weiter, Zusammenstöße mit höherer Energie hervorzurufen, als der Aufprall kosmischer Strahlung auf die Erde sie je erzeugt habe, wenn es uns gelänge, die in Teilchenbeschleunigern erzeugte Energie um ein Vielhundertfaches zu steigern. Die eigentliche Frage allerdings heißt nicht, ob es auf der Erde zu dieser Art Blasenbildung kommen kann, sondern ob sie bereits zu irgendeiner Zeit nach dem Urknall irgendwo im beobachtbaren Universum stattgefunden hat. Hut und Rees haben dargelegt, daß in äußerst seltenen Fällen zwei kosmische Strahlen frontal aufeinanderstoßen, wobei Energien frei werden, die milliardenfach höher liegen als die in den gegenwärtigen Teilchenbeschleunigern erzeugten. Wir brauchen also wohl bisher keine Behörde, die da ordnend eingreift.

Paradoxerweise könnte die Entstehung einer Vakuumblase – eben das Phänomen, das die bloße Existenz des Universums bedroht – in einem nur leicht veränderten Zusammenhang dessen einzige mögliche Rettung bedeuten. Die einzig sichere Möglichkeit, dem Tod des Universums zu entgehen, besteht darin, ein neues zu erzeugen, in dem man Zuflucht finden kann. Man könnte das für das letzte Wort auf dem Gebiet überhitzter phantastischer Spekulation halten, doch wurde in den letzten Jahren viel von »Kind-Universen« gesprochen. Die Argumente, die für deren Existenz angeführt werden, lassen sich keineswegs von der Hand weisen.

Das Thema wurde erstmals 1981 von einer Gruppe japanischer Physiker ins Gespräch gebracht. Sie untersuchten ein einfaches mathematisches Modell vom Verhalten einer kleinen Blase falschen Vakuums, die von echtem Vakuum umgeben ist – die Umkehrung der soeben dargestellten Situation. Vorausgesagt wurde, daß sich das falsche Vakuum auf die im dritten Kapitel beschriebene Weise aufblähen und damit sehr rasch in einem Urknall zu einem großen Universum ausdehnen würde. Allem Anschein nach müßte sich die Blasenwandung durch die Aufblähung der Blase aus falschem Vakuum so ausdehnen, daß die Region aus falschem Vakuum auf Kosten der Region aus echtem Vakuum anwächst. Doch das widerspricht der Erwartung, daß das auf der niedrigen Energiestufe befindliche echte Vakuum das falsche Vakuum mit der höheren Energiestufe verdrängt, und nicht umgekehrt.

Sonderbarerweise scheint sich – vom echten Vakuum aus gesehen – die Region des Raumes, welche die Blase aus falschem Vakuum einnimmt, nicht aufzublähen. Tatsächlich wirkt sie eher wie ein Schwarzes Loch. (Darin ähnelt sie Dr. Whos Zeitmaschine *Tardis*, die innen größer zu sein scheint als außen.) Ein in der Blase aus falschem Vakuum befindlicher hypothetischer Beobachter würde Zeuge, wie das Universum zu gewaltigen Ausmaßen anschwillt, doch von außen gesehen bliebe die Blase kompakt.

Eine Möglichkeit, sich diese eigenartige Situation vorzustellen, liefert ein Vergleich mit einem Gummituch, das an einer Stelle eine Blase bildet, die sich ausdehnt (vgl. Abbildung 11). Der auf diese Weise entstehende Ballon bildet eine Art Kind-Universum, das durch etwas wie eine Nabelschnur oder ein »Wurmloch« mit dem Mutter-Universum verbunden ist. Vom Mutter-Universum aus wirkt die Öffnung des Wurmlochs wie ein Scharzes Loch. Diese Anordnung ist instabil, das Schwarze Loch verdampft rasch unter der Einwirkung des Hawking-Effekts und verschwindet vollständig aus dem Mutter-Universum. Als Ergebnis wird das Wurmloch abgezwickt, und aus dem nunmehr vom Mutter-Universum getrennten Kind-Universum wird ein neues, unabhängiges und eigenständiges Universum.

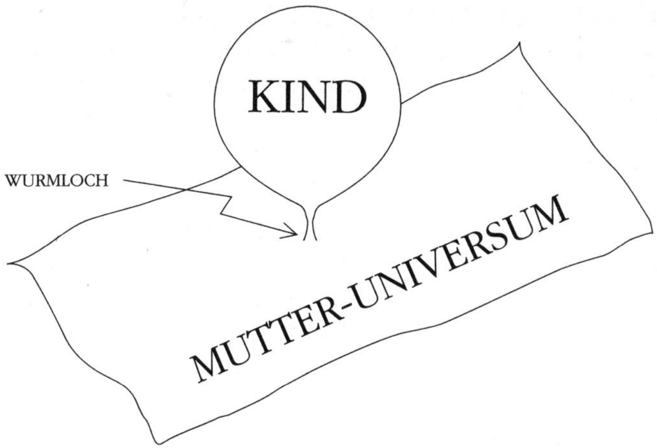

Abbildung 11: Ein blasenförmiger Teil des Raumes bläht sich, vom Mutter-Universum ausgehend, wie ein Ballon auf und bildet ein Kind-Universum, das durch ein nabelschnurähnliches Wurmloch mit der Mutter verbunden ist. Vom Standpunkt des Mutter-Universums wirkt die Öffnung des Wurmlochs wie ein Schwarzes Loch. Verdampft dieses, wird der ›Hals‹ des Wurmlochs abgezwickt, womit sich das Kind-Universum von der Mutter löst. Danach führt es ein unabhängiges Dasein als eigenständiges Universum.

Die Entwicklung des Kind-Universums im Anschluß an die Abnabelung von der Mutter verläuft ebenso wie vermutlich einst bei unserem eigenen Universum: Auf eine kurze Zeit der Aufblähung folgt die übliche Verzögerung. Dies Modell legt die Schlußfolgerung nahe, daß unser eigenes Universum auf die beschriebene Weise als Nachkomme eines anderen Universums entstanden ist.

Alan Guth, der Vater der Aufblähungstheorie, hat mit seinen Kollegen untersucht, ob die oben beschriebene Situation die bizarre Möglichkeit zuläßt, ein neues Universum im Labor zu erschaffen. Im Unterschied zu dem angsteinflößenden Zerfall eines falschen Vakuums in einer Blase aus echtem Vakuum bedeutet die Erzeugung einer Blase aus falschem Vakuum, die von echtem Vakuum umgeben ist, keine Bedrohung für die Existenz des Universums. Zwar könnte es bei diesem Experiment zu einem Urknall kommen, doch bliebe es auf das Innere eines winzigen Schwarzen Lochs beschränkt, das bald verdampft. Das neue Universum würde seinen eigenen Raum schaffen und von unserem nichts für sich beanspruchen.

Obwohl der Gedanke recht hypothetisch bleibt und sich ausschließlich auf mathematische Theorien stützt, lassen Untersuchungen erkennen, daß die Entstehung neuer Universen auf diese Weise möglich wäre, sofern man in einem sorgfältig entwickelten Verfahren große Mengen an Energie konzentrierte. Wenn in sehr ferner Zukunft unser eigenes Universum allmählich unbewohnbar wird oder sich einem großen Kollaps nähert, könnten unsere Nachkommen beschließen, sich aus ihm davonzustehlen, indem sie den Knospungsprozeß in Gang setzten, um dann in aller Eile durch die wurmlochähnliche Nabelschnur ins Nachbar-Universum zu kriechen, bevor es abgezwickt wird – die forgeschrittenste Stufe der Auswanderung. Natürlich hat heutzutage niemand eine Vorstellung davon, ob oder auf welche Weise diese kühnen Geschöpfe die Aufgabe lösen könten. Zumindest wäre die Reise durch das Wurmloch recht unbequem, es sei denn, das Schwarze Loch, in das sie sich stürzen müßten, wäre sehr groß.

Abgesehen von solchen praktische Erwägungen, eröffnet die bloße Möglichket der Existenz von Kind-Universen die Aussicht auf echte Unsterblichkeit – nicht nur für unsere Nachkommen, sondern auch für Universen. Statt uns Gedanken über Leben und Tod *des* Universums zu machen, sollten wir lieber an eine Familie von Universen denken, die sich unendlich fortpflanzen, indem jedes neue Universum Generationen von weiteren erzeugt, möglicherweise in ungeheurer Zahl. Mit solcher kosmischen Fruchtbarkeit hätte die Ansammlung von Universen – oder das Metaversum, wie man sie eigentlich nennen müßte – womöglich weder Anfang noch Ende. Jedes einzelne Universum würde Entstehung, Entwicklung und Tod auf die in den vorigen Kapiteln dieses Buches beschriebene Weise erleben, aber die Gattung insgesamt würde ewig existieren.

Bei diesem Szenario drängt sich die Frage auf, ob die Erschaffung unseres eigenen Universums auf natürlichem Wege erfolgt ist (ähnlich der Geburt eines Kindes auf die von der Natur vorgesehe Weise), oder Ergebnis geplanten Eingreifens war (wie bei einem ›Retortenbaby‹). Wir können uns vorstellen, daß eine hinreichend fortgeschrittene und altruistische Gesellschaft von Wesen in einem Mutter-Universum, deren eigenes Universum zum Untergang verurteilt ist, Kind-Universen zu erzeugen beschlösse – nicht, um einen Fluchtweg für das eigene Überleben zu eröffnen, sondern um dafür zu sorgen, daß das Leben irgendwo weiterbestehen kann. In dem Falle wäre es überflüssig, Möglichkeiten für die Überwindung der beachtlichen Hindernisse zu finden, die dem Versuch entgegenstehen, ein passierbares Wurmloch zum Kind-Universum zu schaffen.

Unklar ist, in welchem Ausmaß ein Kind-Univesum genetisch von seiner Mutter geprägt wäre. Bisher wissen Physiker nicht, warum die verschiedenen in der Natur und den Materieteilchen wirkenden Kräfte gerade die Eigenschaften haben, die sie aufweisen. Einerseits könnten sie Teil der Naturgesetze sein, die ein für allemal in jedem Universum festgelegt sind. Andererseits ist es möglich, daß diese oder jene Eigenschaften auf Evolutionszufälle zurückgehen. So könnte es beispielsweise mehrere Zustände des echten Vakuums geben, die allesamt identische oder nahezu identische Energie besitzen. Es wäre möglich, daß das falsche Vakuum, wenn es am Ende der Aufblähungszeit zerfällt, einfach ganz zufällig in einen dieser vielen möglichen Vakuumzustände gerät. Was die Physik des Universums betrifft, dürfte die Wahl des Vakuumzustandes viele Eigenschaften der Teilchen und der zwischen ihnen wirkenden Kräfte bestimmen und könnte sogar für die Zahl der räumlichen Dimensionen entscheidend sein. So wäre es also möglich, daß ein Kind-Universum gänzlich andere Eigenschaften aufweist als seine Mutter. Vielleicht wird Leben nur in einer sehr begrenzten

Nachkommenschaft möglich sein, dort, wo die physikalischen Zusammenhänge denen unseres Universums recht ähnlich sind. Vielleicht gibt es aber auch eine Art Erbprinzip, das dafür sorgt, daß Kind-Universen (von gelegentlichen Mutationen abgesehen) die Eigenschaften ihrer Mutter-Universen erben. Der Physiker Lee Smolin hat vorgeschlagen, daß sogar bei Universen eine Art Darwinscher Evolution am Werk sein könnte, welche das Entstehen von Leben und Bewußtsein mittelbar unterstützt. Noch interessanter ist die Möglichkeit, daß Universen durch die Einwirkung einer Intelligenz in einem Mutter-Universum geschaffen werden und bewußt mit den Eigenschaften ausgestattet werden, die erforderlich sind, damit Leben und Bewußtsein entstehen können.

Keine dieser Theorien ist mehr als wilde Spekulation, doch steht der Wissenschaftszweig der Kosmologie noch ziemlich am Anfang. Zumindest liefern die hier vorgetragenen einfallsreichen Spekulationen eine Gegenposition zu den in den vorigen Kapiteln entwickelten düsteren Prognosen. Sie weisen auf die Möglichkeit hin, daß auch dann, wenn sich unsere Nachkommen eines Tages den letzten drei Minuten stellen müssen, bewußte Wesen irgendwelcher Art für immer irgendwo existieren könnten.

Welten ohne Ende?

Die am Schluß des vorigen Kapitels behandelten skurrilen Theorien stellen nicht alle Möglichkeiten dar, die auf der Suche nach Mitteln und Wegen, den Untergang des Kosmos zu vermeiden, vorgeschlagen wurden. Bei meinen Vorlesungen über das Ende des Universums werde ich immer wieder nach dem zyklischen Modell gefragt. Ihm liegt folgende Vorstellung zugrunde: Das Universum dehnt sich zu einer äußersten Größe aus, dann zieht es sich in Richtung auf einen Kollaps zusammen. Doch statt dabei vollständig der Vernichtung anheimzufallen, gelingt es ihm irgendwie, »zurückzuprallen« und einen erneuten Zyklus der Ausdehnung und Zusammenziehung zu beginnen (vgl. Abbildung 12). Dieser Vorgang könnte für alle Zeiten so weitergehen. In diesem Fall hätte das Universum weder einen richtigen Anfang noch ein richtiges Ende, auch wenn ein deutlicher Beginn und Abschluß den jeweiligen Zyklus kennzeichnete. Diese Theorie sagt vor allem Menschen zu, die von den Lehren des Buddhismus und Hinduismus beeinflußt sind, bei denen die Zyklen von Geburt und Tod, Erschaffung und Zerstörung im Vordergrund stehen.

Ich habe zwei grundverschiedene wissenschaftliche Szenarien vom Ende des Universums aufgezeichnet. Jedes ist auf seine Weise beunruhigend. Die Aussicht, daß sich das Univer-

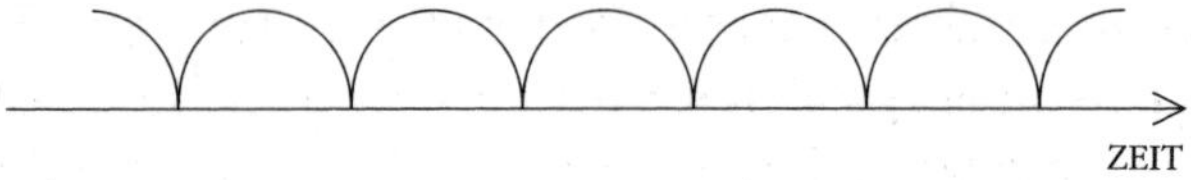

Abbildung 12: Das Modell des zyklischen Universums. Die Größe des Universums ›pulst‹ periodisch zwischen einem Zustand hoher Dichte und einem solchen starker Vergrößerung hin und her. Jeder der in ihrem Zeitablauf annähernd symmetrischen Zyklen beginnt mit einem Urknall und endet mit einem großen Kollaps.

sum, wie fern in der Zukunft dies Ereignis auch liegen mag, in einem großen Kollaps selbst vernichtet, ist besorgniserregend. Auf der anderen Seite ist die Vorstellung zutiefst bedrückend, daß ein Universum nach einer endlichen Dauer, in der es herrliche Dinge hervorgebracht hat, für alle Zeiten im Zustand öder Leere fortdauern soll. Daß in beiden Modellen möglicherweise Superwesen die Fähigkeit zur unbegrenzten Informationsverarbeitung erlangen können, bedeutet für uns vitale Angehörige der Gattung *Homo sapiens* nur einen schwachen Trost.

Ansprechend wirkt am zyklischen Modell, daß es weder das Gespenst der völligen Vernichtung noch das ewiger Auflösung und ewigen Verfalls an die Wand malt. Um die Sinnlosigkeit endloser Wiederholung zu vermeiden, müßten sich die Zyklen auf die eine oder andere Weise voneinander unterscheiden. In einer beliebten Fassung dieser Theorie erhebt sich der neue Zyklus nach dem Feuertod seines Vorgängers jeweils wie ein Phönix aus der Asche, entwickelt aus seinem unberührten Urzustand heraus neue Systeme und Strukturen und erkundet seine eigenen reichhaltigen Möglichkeiten, Neues zu schaffen, bis der nächste große Kollaps wiederum *tabula rasa* macht.

Zwar geht von dieser Theroie eine gewisse Verlockung aus, doch krankt sie leider an erheblichen physikalischen Schwächen. Zu ihnen gehört die Notwendigkeit, einen plausiblen Prozeß herauszuarbeiten, der es dem zusammenbrechenden

Universum gestattet, bei sehr hoher Dichte ›zurückzuprallen‹ statt sich in einem großen Kollaps zu vernichten. Dazu ist eine Art Anti-Gravitation erforderlich, die in den letzten Stadien des Zusammenbruchs überwältigend groß sein muß, um den Impuls der Implosion umzukehren und der gewaltigen Zerstörungskraft der Gravitation etwas entgegenzusetzen. Bisher ist keine solche Kraft bekannt, und wenn es sie gäbe, müßte sie ganz sonderbare Merkmale aufweisen.

Möglicherweise erinnert sich der Leser, daß die Aufblähungstheorie des Urknalls eine solche mächtige Gegenkraft ansetzt, doch müssen wir bedenken, daß der angeregte Vakuumzustand, der die Aufblähungskraft zur Verfügung stellt, äußerst instabil ist und bald zerfällt. Zwar kann man sich vorstellen, daß das im Entstehen begriffene winzige und elementare Universum seinen Ursprung in einem solchen instabilen Zustand hat, aber zu postulieren, daß ein aus einem komplizierten makroskopischen Zustand schrumpfendes Universum aufs neue allerorten den angeregten Zustand des Vakuums einnehmen könnte, ist etwas völlig anderes. Die Situation ist mit dem Versuch vergleichbar, einen Bleistift auf seiner Spitze zu balanciceren. Er fällt bald um – ganz von selbst. Es würde größte Schwierigkeiten bereiten, ihn mit einem Stoß wieder in die Position zurückzubefördern, in der er auf der Spitze stand.

Selbst wenn wir annehmen, daß sich solche Hindernisse irgendwie überwinden lassen, gibt es im Zusammenhang mit der Theorie vom zyklischen Universum weitere ernsthafte Probleme. Eines habe ich im zweiten Kapitel angesprochen. Systeme, die irreversiblen Prozessen unterliegen, welche mit endlicher Geschwindigkeit ablaufen, neigen dazu, sich nach einem endlichen Zeitraum ihrem Endzustand zu nähern. Eben dies Grundgesetz hat im neunzehnten Jahrhundert zu der Voraussage geführt, das Universum werde einen Hitzetod erleiden. Durch die Einführung kosmischer Zyklen wird die Schwierigkeit nicht umgangen. Das Universum ist mit einem langsam ablaufenden Uhrwerk vergleichbar, dessen Bewegung zwangsläufig irgendwann aufhören wird, wenn man es nicht wieder aufzieht. Doch welcher Mechanismus, der nicht selbst einer irreversiblen Veränderung unterliegt, könnte das kosmische Uhrwerk aufziehen?

Auf den ersten Blick erweckt die Kollapsphase des Universums den Eindruck, als handele es sich um eine Umkehrung der in der Ausdehnungsphase auftretenden physikalischen Prozesse. Die auseinanderstrebenden Galaxien werden wieder zusammengezogen, die sich abkühlende Hintergrundstrahlung wird erneut aufgeheizt, und aus den komplexen Elementen entsteht eine Suppe von Elementarteilchen. Der Zustand des Universums unmittelbar vor dem großen Kollaps hat große Ähnlichkeit mit dem Zustand unmittelbar nach dem Urknall. Doch ist der Eindruck von Symmetrie nur oberflächlich. Einen Hinweis gewinnen wir aus der Tatsache, daß Astronomen, die zu der Zeit leben, da sich die Entwicklungsrichtung umkehrt und aus der Ausdehnung eine Zusammenziehung wird, die fernen Galaxien weiterhin noch viele Milliarden Jahre fortwandern sehen werden. Das Universum sieht aus, als ob es sich nach wie vor ausdehnte, während es sich in Wahrheit zusammenzieht. Diese Täuschung geht auf die von der endlichen Lichtgeschwindigkeit hervorgerufene Verzögerung des Erscheinungsbildes zurück.

In den dreißiger Jahren hat der Kosmologe Richard Tolman gezeigt, auf welche Weise diese Verzögerung die augenscheinliche Symmetrie des zyklischen Universums stört. Der Grund dafür ist einfach. Das Universum beginnt mit viel Wärmestrahlung, die vom Urknall übriggeblieben ist. Im Laufe der Zeit verstärkt das Sternenlicht diese Strahlung, so daß dessen Gesamtheit im Weltraum nach mehreren Milliarden Jahren fast ebensoviel Energie enthält wie die Hintergrundstrahlung. Das bedeutet, daß das Universum dem großen Kollaps mit einem beträchtlich größeren Bestand an Strahlungsenergie entgegengeht, als in ihm unmittelbar nach dem Urknall existiert hatte. Mithin wird das Universum, wenn es sich schließlich wieder zur selben Dichte zusammenzieht, die es heute besitzt, etwas wärmer sein als gegenwärtig.

Bezahlt wird für diese zusätzliche Wärme, gemäß Einsteins Formel $E = mc^2$, mit dem Materiegehalt des Universums. Im Inneren der Sterne, welche die Wärmeenergie erzeugen, werden leichte Elemente, wie Wasserstoff, in schwere Elemente, wie Eisen, umgewandelt. Im Normalfall enthält ein Eisenkern sechsundfünfzig Protonen und dreißig Neutronen. Man könnte jetzt annehmen, daß ein solcher Kern daher die Masse von sechsundfünfzig Protonen und dreißig Neutronen hat. Das aber ist nicht der Fall. Der gesamte Kern ist etwa ein Prozent leichter als die Summe der Masse der Teilchen, aus denen er besteht. Die ›fehlende‹ Masse geht auf das Konto der von der starken atomaren Wechselwirkung erzeugten kräftigen Bindungsenergie; die dieser Energie entsprechende Masse wird freigesetzt, um für das Sternenlicht zu »bezahlen«.

Unter dem Strich kommt es dabei zu einer Netto-Energieumwandlung von Masse in Strahlung. Das wirkt sich in entscheidender Weise auf die Art der Zusammenziehung des Universums aus, weil sich die Anziehungskraft der Strahlung deutlich von der unterscheidet, die Materie von entsprechender Masse ausübt. Toleman hat gezeigt, daß die in der Zusammenziehungsphase auftretende zusätzliche Strahlung den Zusammenbruch des Universums beschleunigt. Käme es auf irgendeine Weise zu einem ›Zurückprallen‹, würde sich das Universum im Anschluß daran rascher ausdehnen als heute. Mit anderen Worten, jeder Urknall fiele kräftiger aus als der vorige. Dadurch würde die Größe des Universums mit jedem Zyklus zunehmen, so daß die Zyklen allmählich sowohl größer als auch länger würden (vgl. Abbildung 13).

Das irreversible Wachstum der Zyklen im All ist kein Geheimnis. Es ist ein Beispiel für die unausweichlichen Folgen, die sich aus dem Zweiten Hauptsatz der Thermodynamik ergeben. Die sich ansammelnde Strahlung bedeutet eine Zunahme der Entropie, was mit Hilfe der Gravitation zu immer größeren Zyklen

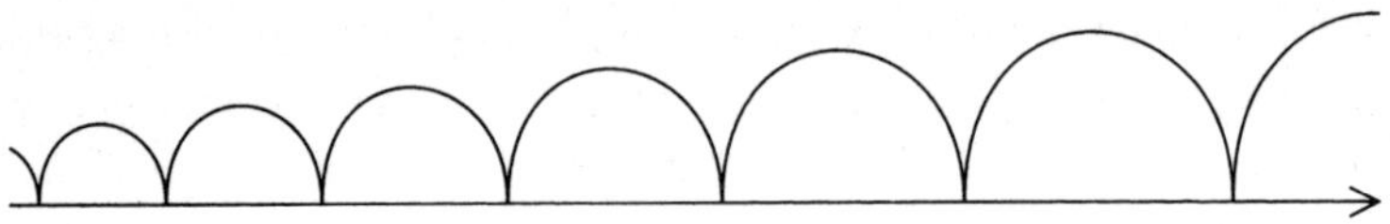

Abbildung 13: Irreversible Prozesse bewirken, daß die kosmologischen Zyklen immer größer werden. Damit aber sind sie nicht mehr wirklich zyklisch.

führt. Damit aber handelt es sich um keine wirklichen Zyklen mehr: Offenkundig entwickelt sich das Universum im Laufe der Zeit. In Richtung auf die Vergangenheit verschachteln sich die Zyklen zu einem komplizierten und unordentlichen Anfang, während sich die der Zukunft endlos ausdehnen, bis sie so lang werden, daß sich keiner von ihnen noch deutlich von den Abläufen der Modelle unterscheiden würde, bei denen die endlose Ausdehnung zum Hitzetod führt.

Nach Toleman haben Kosmologen noch weitere physikalische Prozesse ausgemacht, welche die Symmetrie der Ausdehnungs- und Zusammenziehungsphasen eines jeden Zyklus stören. Ein Beispiel ist die Entstehung Schwarzer Löcher. Bei der üblichen Vorstellung vom Universum stehen an dessen Anfang keine Schwarzen Löcher; doch führt der Zusammenbruch von Sternen im Laufe der Zeit zusammen mit anderen Prozessen zu deren Entstehung. Im Verlauf der Entwicklung von Galaxien kommt es zu immer mehr Schwarzen Löchern, und in den letzten Stadien des Zusammenbruchs unterstützt die Verdichtung die Entstehung weiterer Schwarzer Löcher. Einige davon verschmelzen möglicherweise miteinander und bilden auf diese Weise größere Schwarze Löcher. Daher ist die Verteilung der Gravitation im Universum weit komplizierter – sprich, viel stärker durchlöchert – als zur Zeit des Urknalls. Sollte das Universum zurückprallen, würde der nächste Zyklus mit weit mehr Schwarzen Löchern beginnen als der gegenwärtige.

So scheint die Schlußfolgerung unvermeidlich, daß ein zyklisches Universum, das es physikalischen Strukturen und Systemen gestattet, von einem Zyklus auf den nächsten überzugehen, dem zersetzenden Einfluß des Zweiten Hauptsatzes der Thermodynamik nicht entgehen kann. Es wird trotz allem einen Hitzetod geben. Eine Möglichkeit, dieser düsteren Schlußfolgerung auszuweichen, besteht in der Annahme, daß die physikalischen Bedingungen beim Zurückprallen so extrem sind, daß keinerlei Information über frühere Zyklen zum nächsten Zyklus gelangen kann. Alle bis dahin bestehenden physikalischen Objekte sind zerstört, alle Einflüsse vernichtet. In Wirklichkeit wird das Universum von Grund auf neu geboren.

Doch läßt sich nur schwer erkenen, welche Vorzüge ein solches Modell haben sollte. Wenn jeder Zyklus physikalisch von den anderen getrennt ist, welchen Sinn hätte es dann zu sagen, daß die Zyklen aufeinanderfolgen oder dasselbe irgendwie bleibende Unviersum darstellen? Die Zyklen sind effektiv Universen, die sich deutlich voneinander unterscheiden. Ebenso könnte man von ihnen sagen, daß sie parallel zueinander wie nacheinander existieren. Die Sache gemahnt an die Reinkarnationslehre, derzufolge der wiedergeborene Mensch keinerlei Erinnerung an seine früheren Leben hat. In welchem Sinne kann man dann sagen, derselbe Mensch sei wiedergeboren?

Eine weitere Möglichkeit besteht in der Annahme, daß es auf die eine oder andere Weise zu einem Verstoß gegen den Zweiten Hauptsatz der Thermodynamik kommt, so daß beim Zurückprallen »die Uhr wieder aufgezogen« wird. Wie sähe das aus, wenn man den durch den Zweiten Hauptsatz der Thermodynamik angerichteten Schaden ungeschehen machte? Ein einfaches Beispiel wäre die Verflüchtigung von Parfum aus einem Flacon. Wollte man diesen Prozeß umkehren, wären unvorstellbare Vorkehrungen nötig, denn man müßte jedes einzelne der im ganzen Raum verteilten Parfummoleküle zurück in den Flacon bringen. Der »Film« würde rückwärts ablaufen. Der Zeitpfeil geht auf den Zweiten Hauptsatz der Thermodynamik zurück, der dafür sorgt, daß wir zwischen Vergangenheit und Zukunft unterscheiden. Ein Verstoß gegen ihn würde daher auf eine Umkehrung der Zeit hinauslaufen.

Selbstverständlich weicht man dem Tod des Universums auf ziemlich banale Weise aus, wenn man annimmt, der Ablauf der Zeit werde sich einfach umkehren, wenn das letzte Stündlein schlägt. Kaum wird es ernst, schon läßt man den großen Film des Universums rückwärts ablaufen! Dennoch hat diese Vorstellung bei manchen Kosmologen Befürworter gefunden. In den sechziger Jahren erklärte der Astrophysiker Thomas Gold, die Zeit könne in der Zusammenziehungsphase eines sich neu zusammenziehenden Universums rückwärts laufen. Er wies darauf hin, daß eine solche Umkehrung auch die Gehirnfunktionen von zu der Zeit lebenden Wesen einbeziehe und so dazu diene, auch deren subjektiven Zeitsinn umzukehren. Wer während der Zusammenziehungsphase das Universum bewohne, werde daher nicht alles um sich herum »rückwärts ablaufen« sehen, sondern den Fluß der Ereignisse ebenso wie wir in Vorwärtsrichtung wahrnehmen. So werde sich beispielsweise in seiner Wahrnehmung das Universum ausdehnen und nicht zusammenziehen. Aus seiner Sicht ziehe sich unsere Phase des Universums zusammen und würden die Prozesse in unseren Gehirnen rückwärts ablaufen.

Auch Stephen Hawking hat in den achtziger Jahren eine Weile mit der Vorstellung eines Universums geliebäugelt, in dem die Zeit rückwärts abläuft. Dann aber hat er sie mit dem Eingeständnis fallenlassen, es habe sich dabei um seinen »größten Fehler« gehandelt. Anfänglich glaubte er, die Anwendung der Quantenmechanik auf ein zyklisches Universum erfordere eine bis ins kleinste gehende Zeitsymmetrie. Es stellt sich jedoch heraus, daß das nicht er Fall ist – jedenfalls nicht in der Standardformulierung der Quantenmechanik. Kürzlich haben die Physiker Murray Gell-Mann und James Hartle eine Änderung der Regeln der Quantenmechanik diskutiert, bei der die Zeitsymmetrie einfach *vorgegeben* wird, und anschließend gefragt, ob sich daraus beobachtbare Auswirkungen auf unseren kosmischen Zeitraum ergäben. Bisher ist nicht klar, wie die Antwort aussehen könnte.

Ein gänzlich anderes Verfahren, den Untergang des Universums zu vermeiden, hat der russische Physiker Andrej Linde beschrieben. Es gründet sich auf eine Verfeinerung der im dritten Kapitel behandelten Theorie von der Aufblähung des Universums. Dabei wurde ursprünglich angenommen, der Quantenzustand des sehr frühen Universums entspreche einem bestimmten angeregten Vakuum, das sich so auswirkt, daß es für eine Weile zu einer ungeheuren Ausweitung kommt. Linde trug 1983 die These vor, der Quantenzustand des frühen Universums könne statt dessen in chaotischer Weise von einem Ort zum anderen schwanken: Geringe Energie hier, mäßig angeregter Zustand hier, stark angeregte Zustände in anderen Regionen – und dort komme es dann zur Aufblähung. Außerdem ergab sich aus seinen Berechnungen vom Verhalten der Quantenzustände deutlich, daß sich stark angeregte Zustände am schnellsten aufblähen und am langsamsten zerfallen, so daß sich das Universum in einer Region um so mehr aufblähen dürfte, je angeregter der Quantenzusand dort ist. Natürlich wären nach sehr kurzer Zeit die Regionen des Raumes, die zufällig am stärksten angeregt werden und in denen die Aufblähung am raschesten erfolgt, auch am stärksten aufgebläht, und daher nähmen sie den Löwenanteil des Gesamtraumes ein. Linde vergleicht das mit der Darwinschen Evolution oder dem Wirtschaftsleben. Ein erfolgreicher Quantensprung zu einem stark angeregten Zutsand wird sogleich mit einem gewaltigen Wachstum an Volumen in jener Region belohnt, auch wenn dafür ein großes Energiedarlehen aufgenommen werden muß. Daher hätten die Regionen, die am meisten Energie bekommen und sich damit übermäßt aufgebläht hätten, bald die Vorherrschaft angetreten.

Als Ergebnis der chaotisch verlaufenden Aufblähung würde sich das Universum in einen Haufen von Kleinst-Universen oder

Blasen teilen, von denen sich einige gewaltig aufblähten, andere hingegen überhaupt nicht. Da manche Regionen – einfach als Folge zufällig stattfindender Schwankungen – über eine *sehr* große Anregungsenergie verfügten, werde es dort zu einer weit größeren Aufblähung kommen, als in der ursprünglichen Theorie angenommen wurde. Doch weil es sich dabei um genau die Regionen handele, die sich am meisten aufblähten, liege ein im Universum nach der Aufblähung willkürlich gewählter Punkt mit großer Wahrscheinlickeit in einer solchen stark aufgeblähten Region. Daher befinde sich unser eigener Ort im Raum vermutlich tief innerhalb einer übermäßig aufgeblähten Region. Lindes Berechnung zufolge können sich solche »Großblasen« um den Faktor 10^{10^8} aufgebläht haben, das ist eine Eins mit hundert Millionen Nullen!

Unsere eigene Mega-Region wäre dann lediglich eine von einer unendlichen Zahl stark aufgeblähter Blasen, so daß das Universum in ungeheuer großem Maßstab nach wie vor äußerst chaotisch aussehen würde. Innerhalb unserer Blase – die sich über eine unermeßliche Entfernung bis jenseits des gegenwärtig beobachtbaren Universums erstreckt – sind Materie und Energie annähernd gleichförmig verteilt, doch liegen außerhalb unserer Blase weitere, sowie Regionen, die sich nach wie vor im Prozeß des Aufblähens befinden. Tatsächlich hört die Aufblähung in Lindes Modell nie auf; stets gibt es Regionen des Raumes, in denen sie stattfindet, wo neue Blasen entstehen, während gleichzeitig andere ihren Lebenszyklus durchlaufen und sterben. Mithin handelt es sich um eine Art ewigen Universums, ähnlich der im vorigen Kapitel dargestellten Theorie von den ›Kind-Universen‹, in denen Leben, Hoffnung und Universen für ewige Zeiten immer wieder neu entstehen. Die Erzeugung neuer Blasen-Universen durch Aufblähung hat kein Ende – und wahrscheinlich auch keinen Anfang, obwohl darüber zur Zeit noch gestritten wird.

Würde die Existenz anderer Blasen unseren Nachkommen eine Möglichkeit zum Weiterleben bieten? Können sie dem

Untergang des Universums – oder besser gesagt, dem der von ihnen bewohnten Blase – dadurch entgehen, daß sie stets zur rechten Zeit eine andere, jüngere Blase aufsuchen? Genau dieser Frage hat Linde einen kühnen Aufsatz mit dem Titel »Life after Inflation« [Das Leben nach der Aufblähung] gewidmet, der 1989 in der Zeitschrift *Physics Letters* erschien. »Diese Ergebnisse« schrieb er, »lassen darauf schließen, daß das Leben im aufgeblähten Universum nie vergeht. Leider bedeutet diese Schlußfolgerung nicht automatisch, daß wir im Hinblick auf die Zukunft der Menschheit besonders optimistisch sein dürfen.« Er wies darauf hin, daß jede beliebige Region respektive jede beliebige Blase allmählich unbewohnbar wird, und zog den Schluß: »Die einzig mögliche Vorgehensweise zum Überleben, die wir im Augenblick zu sehen vermögen, besteht darin, aus alten Regionen in neue zu wechseln.«

Entmutigend an Lindes Version der Aufblähungstheorie wirkt, daß eine Blase üblicherweise von ungeheurer Größe ist. Seiner Berechnung nach könnte die der unseren zunächst liegende so weit entfernt sein, daß der Abstand zwischen ihnen in Lichtjahren als eine Eins mit mehreren Millionen Nullen ausgedrückt werden müßte – eine Zahl, die so groß ist, daß ein ganzer Lexikonband erforderlich wäre, wollte man sie ausschreiben! Selbst mit einer Geschwindigkeit nahe der des Lichtes würde es eine ähnlich große Anzahl von Jahren dauern, eine andere Blase zu erreichen, es sei denn, man befände sich durch einen außergewöhnlichen Glückszufall gerade in Randnähe der eigenen Blase. Doch auch dieser glückliche Umstand würde nur dann etwas nützen – darauf weist Linde hin –, wenn sich unser Universum weiterhin in vorhersagbarer Weise ausdehnt. Ein noch so geringer physikalischer Einfluß – einer, der gegenwärtig ganz und gar unauffällig wäre – könnte schließlich die Art und Weise bestimmen, in der sich das Universum ausdehnt, sobald die gegenwärtig dort existierende Materie und Strahlung unendlich verdünnt sind. Beispielsweise könnte im Universum eine ungeheuer geringe Aufblähungskraft fortbestehen, die im Augenblick von den Gravitationswirkungen der Materie vollständig zugedeckt wird, die sich aber irgendwann auswirken würde, wenn man bedenkt, welche riesigen Zeiträume Lebewesen benötigen würden, um unserer Blase zu entkommen. In diesem Fall würde das Universum nach hinreichend langer Zeit anfangen, sich erneut aufzublähen – nicht annähernd so schlagartig wie beim Urknall, sondern in einer Art blasser Nachahmung dieses Vorgangs ungeheuer langsam. Doch würde dies schwache Winseln, so unbeträchtlich es auch wäre, auf alle Zeiten weitergehen. Obwohl sich das Wachstum des Universums lediglich um einen winzigen Betrag beschleunigen würde, wirkt sich die Tatsache, daß es sich überhaupt beschleunigt, in entscheidender Weise physikalisch aus. Diese Wirkung besteht darin, daß ein Ereignishorizont innerhalb der Blase entsteht, die man sich wie ein nach außen gestülptes Schwarzes Loch vorstellen könnte und die eine ebenso wirksame Falle wie diese ist. Wesen, die dann noch lebten, wären hilflos in unserer Blase gefangen, denn während sie sich bemühten, ihrem Rand entgegenzueilen, würde sich dieser als Ergebnis der erneut einsetzenden Inflation noch rascher von ihnen entfernen. Lindes Berechnung, so phantastisch sie ist, zeigt recht deutlich, daß das endgültige Schicksal der Menschheit oder unserer Nachkommen von so geringfügigen physikalischen Wirkungen abhängen kann, daß wir nicht wirklich erwarten dürfen, sie zu entdecken, bevor sie sich in kosmischem Maßstab auszuwirken beginnen.

Lindes Kosmologie erinnert in gewisser Hinsicht an die alte Steady-state-Theorie, bei der sich das Universum in einem stets gleichbleibenden Zustand befindet. Sie hatte in den fünfziger und frühen sechziger Jahren viele Anhänger und liefert nach wie vor die bisher einfachste und ansprechendste Lösung für das Problem, wie man das Ende des Universums vermeiden kann. Die von Herman Bondi und Thomas Gold vorgetragene ursprüngliche Fassung basierte auf der Annahme, daß das Universum, da es für alle Zeiten in großem Maßstab unverändert bleibe, weder Anfang noch Ende habe. Bei seiner Ausdehnung entstehe unaufhörlich neue Materie, welche die Lücken fülle und eine überall gleichbleibende Dichte erhalte. Das Schicksal einer jeden Galaxie ähnelt in diesem Fall dem, was ich in früheren Kapiteln beschrieben habe: Geburt, Entwicklung und Tod. Doch aus dem neu geschaffenen Material, das in unerschöpflicher Fülle zur Verfügung steht, entstehen immer weitere Galaxien. So ist das allgemeine Aussehen des Universums insgesamt von einer Epoche zur anderen identisch, wobei ein bestimmtes Raumvolumen stets die gleiche Gesamtzahl von Galaxien in einem Gemisch verschiedener Alterssufen aufweist.

Diese Vorstellung von einem ständig gleichbleibenden Zustand macht die Erklärung überflüssig, auf welche Weise das Universum aus dem Nichts entstand, und sie verbindet durch evolutionäre Veränderung entstandene interessante Vielfalt mit der Unsterblichkeit des Universums. Tatsächlich geht sie noch darüber hinaus und liefert ewige Jugend im All, denn wenn auch einzelne Galaxien langsam sterben, so altert doch das Universum insgesamt nie. Unsere Nachkommen müssen sich nie mit der Suche nach immer mehr schwindenden Energievorräten abmühen, weil ihnen die neuentstandene Materie diese zur Verfügung stellt. Sobald einer Galaxie der Brennstoff auszugehen beginnt, begeben sich ihre Bewohner einfach in eine jüngere. Das kann unendlich lange so weitergehen, wobei in alle Ewigkeit die gleiche Stufe an Intensität, Vielfalt und Aktivität beibehalten bleibt.

Allerdings müssen einige physiklische Erfordernisse erfüllt werden, damit die Theorie funktionieren kann. Wegen der Ausdehnung verdoppelt sich das Volumen des Universums nach jeweils einigen Milliarden Jahren. Um eine konstante Dichte beizubehalten, müssen über diesen Zeitraum hinweg rund 10^{50} Tonnen neuer Materie entstehen. Das scheint viel zu sein, entspricht aber im Durchschnitt lediglich dem Auftreten eines Atoms pro Jahrhundert in einer Region des Kosmos, welche die Größe einer Flugzeughalle hat. Es ist unwahrscheinlich, daß uns ein solches Phänomen auffallen würde. Ein ernsteres Problem betrifft die Art der physikalischen Prozesse, die in dieser Theorie für die Erschaffung der neuen Materie zuständig sind. Zumindest müßten wir wissen, woher die Energie kommt, welche die zusätzliche Masse liefert und auf welche wunderbare Weise dafür gesorgt wird, daß diese Energiequelle unerschöpflich sprudelt. Mit dieser Frage hat sich Fred Hoyle beschäftigt, der die Steady-state-Theorie gemeinsam mit seinem Mitarbeiter Jayant Narlikar in zahlreichen Einzelheiten entwikkelt hat. Für die Lieferung der Energie schlugen sie eine neue Art von Feld vor, das sie »Schöpfungsfeld« nannten und das ihrer Theorie zufolge über negative Energie verfügen muß. Das Auftreten eines jeden neuen Materieteilchens mit der Masse m trage dann zu diesem Schöpfungsfeld eine Energie von $-mc^2$ bei.

Obwohl das Schöpfungsfeld eine technische Lösung für das Problem der Schöpfung bot, ließ es viele Fragen unbeantwortet. Außerdem wirkt es wie eine Augenblickslösung, da sich keine weiteren Manifestionen dieses mysteriösen Feldes zeigten. Aus Beobachtung gewonnene Ergebnisse begannen in den sechziger Jahren gegen die Steady-state-Theorie zu sprechen. Am wichtigsten war dabei die Entdeckung der kosmischen Hintergrundstrahlung. Es fällt schwer, diesen gleichförmigen Hintergrund, der als Überbleibsel des Urknalls gedeutet wird, im Steady-state-Modell zu erklären. Außerdem haben über große Entfernungen vorgenommene Messungen von fernen Galaxien und Radio-Galaxien gezeigt, daß sich das Universum in großem Maßstab entwickelt. Sobald sich das Ergebnis abzeichnete, gaben Hoyle und seine Mitarbeiter die einfache Version der Steady-state-Theorie auf, doch taucht sie von Zeit zu Zeit immer wieder in komplizierteren Varianten auf.

Ganz abgesehen von den physikalischen Problemen und den Schwierigkeiten der Beobachtung, wirft diese Theorie mehrere merkwürdige philosophische Fragen auf. Sollten beispielsweise unsere Nachkommen wahrhaft über unendliche Zeiträume und Naturschätze verfügen, kann man ihrer technischen Entwicklung keine deutlichen Grenzen setzen. Sie hätten die Freiheit, sich über das Universum auszubreiten und die Herrschaft über immer größere Regionen des Raumes zu erlangen. Mithin wäre ein großer Teil des Universums in sehr ferner Zukunft im wesentlichen technologisch erschlossen. Da aber hypothetisch angenommen wird, daß sich das Wesen des Universums im großen Maßstab über die Zeiten hinweg nicht verändert, verlangt die Steady-state-Theorie von uns den Schluß, daß das Universum, das wir heute sehen, bereits technologisch erschlossen ist. Da die physikalischen Bedingungen im Steady-state-Universum im großen und ganzen zu allen Zeiten gleich sind, müssen auch zu allen Zeiten intelligente Wesen auftreten. Und weil dieser Zustand schon seit Ewigkeiten andauert, müßte es Gemeinschaften von Wesen geben, die schon seit beliebig langer Zeit existieren und sich ausgedehnt haben, um einen beliebig großen Teil des Raumes zur technischen Erschließung für sich zu beanspruchen – einschließlich unserer Region im Universum. Dieser Schlußfolgerung kann man auch entgehen, wenn man annimmt, daß intelligente Wesen im allgemeinen nicht den Wunsch haben, das Universum zu kolonisieren. Es bedarf nur einer einzigen Gemeinschaft, die vor beliebig langer Zeit entstanden ist, damit die Schlußfolgerung Gültigkeit hat. Es ist wie bei dem alten verzwickten Problem, daß in einem unendlichen Universum alles, was auch nur von ferne möglich ist, irgendwann geschehen muß und unendlich oft auch geschieht. Folgt man der Logik bis zum bitteren Ende, sagt die Steady-state-Theorie des Universums voraus, daß die in ihm ablaufenden Prozesse mit den technischen Aktivitäten seiner Bewohner identisch sind. Was wir Natur nennen, wäre in Wirklichkeit das Wirken eines Superwesens oder einer Gemeinschaft von Superwesen. Das erscheint wie eine Spielart von Platos Demiurgen (eine Gottheit, die innerhalb der Grenzen bereits festgelegter physikalischer Gesetze wirkt), und es ist interessant, daß Hoyle in seinen späteren kosmologischen

Theorien ausdrücklich für die Existenz eines solchen Superwesens eintritt.

Ganz gleich, auf welche Weise wir uns mit der Frage nach dem Ende des Universums beschäftigen, immer wieder stehen wir vor der Sinnfrage. Ich habe bereits erklärt, daß die Aussicht auf ein sterbendes Universum Bertrand Russell zu der Überzeugung brachte, das Dasein sei letzten Endes sinnlos. Dieser Haltung hat sich in jüngeren Jahren Steven Weinberg angeschlossen, dessen Buch *Die ersten drei Minuten* in der Schlußfolgerung gipfelt: »Je begreiflicher uns das Universum wird, um so sinnloser erscheint es auch« (S. 162). Ich habe erklärt, daß die ursprüngliche Befürchtung vom allmählich erfolgenden Hitzetod des Universums vielleicht übertrieben war und unter Umständen gar falsch ist, obwohl der plötzlich eintretende Tod durch einen großen Kollaps eine Möglichkeit bleibt. Ich habe über das Tun von Superwesen spekuliert, die wunderbare physikalische und geistige Ziele zu erreichen vermögen, wenn auch alles dagegen spricht, und ich habe mich gleichfalls mit der Möglichkeit beschäftigt, daß es für das Denken keine Grenzen gibt, selbst wenn das Universum begrenzt ist.

Aber mindern diese Vorstellungen unser Unbehagen? Ein Freund hat einmal gesagt, nach allem, was er über das Paradies gehört habe, sei er nicht besonders daran interessiert. Auch die Aussicht, für alle Zeiten in einem Zustand kompletten Gleichgewichts zu leben, erschien ihm wenig verlockend. Besser wäre es, rasch zu sterben und es hinter sich zu haben, als sich das ganze ewige Leben hindurch zu langweilen. Wenn sich die Unsterblichkeit darauf beschränkt, daß man bis in alle Ewigkeit immer wieder das gleiche denkt und die gleichen Erfahrungen macht, so wirkt das Ganze in der Tat ziemlich sinnlos. Wäre die Unsterblichkeit jedoch mit einem Fortschritt verbunden, könnten wir uns durchaus vorstellen, in einem Zustand beständiger Neuerung zu leben, immer wieder etwas anderes und Aufregendes zu lernen oder zu tun. Es fragt sich nur, wozu? Wenn sich die Menschen einer Sache widmen, tun sie das gewöhnlich, weil sie ein Ziel vor Augen haben. Wird dieses verfehlt, ist das Vorhaben gescheitert (was die dabei gemachten Erfahrungen nicht zwangsläufig entwertet). Wird auf der anderen Seite das Ziel erreicht, ist die Aufgabe erfüllt, und die Bemühung darum hört auf. Kann es bei einer Aufgabe, die *nie* erledigt wird, einen wahren Zweck geben? Kann das Dasein einen Sinn haben, wenn es in einer endlosen Reise besteht, an deren Bestimmungsort man nie ankommt?

Wenn das Universum einen Zweck hat und es diesen erfüllt, muß es enden, denn in dem Fall wäre eine Fortdauer seiner Existenz sinnlos und überflüssig. Wenn das Universum aber umgekehrt ewig fortdauert, kann man sich schwer vorstellen, daß es letzten Endes überhaupt zweckgerichtet ist. Somit kann der Tod des Kosmos der Preis sein, der für seinen Erfolg gezahlt werden muß. Vielleicht können wir höchstens die Hoffnung haben, daß unsere Nachkommen den Zweck des Universums erfahren, bevor die letzten drei Minuten vorüber sind.

Bibliographie

Barrow, John D., and Frank J. Tipler, *The Anthropic Cosmological Principle* (Oxford: Oxford University Press, 1986).

Burrows, Adam, »The Birth of Neutron Stars and Black Holes«, Physics Today, 40 (1987) 9:28.

Chapman, Clark R., and David Morrison, *Cosmic Catastrophes* (New York & London: Plenum Press, 1989).

Close, Frank, *End: Cosmic Catastrophe and the Fate of the Universe* (New York: Simon & Schuster, 1988).

Coleman, Sidney, and Frank De Luccia, »Gravitational Effects on and of Vacuum Decay«, Physical Review D, 21 (1980) 3305.

Davies, Paul, *The Cosmic Blueprint* (New York: Simon & Schuster, 1989), dt.: *Prinzip Chaos, Die neue Ordnung des Kosmos* (München: Goldmann, 1991).

Davies, Paul, *The Mind of God* (New York: Simon & Schuster, 1991); dt.: *Der Plan Gottes. Das Rätsel unserer Existenz und die Wissenschaft* (Frankfurt a. M.: Insel, 1995).

Dyson, Freeman J., »Time without End: Physics and Biology in an Open Universe«, Review of modern Physics, 51 (1979) 447.

Gold, Thomas, »The Arrow of Time«, American Journal of Physics, 30 (1962) 403.

Hawking, Steven W., *A Brief History of Time: From the Big Bang to Black Holes* (New York: Bantam, 1988); dt.: *Eine kurze Geschichte der Zeit, Die Suche nach der Urkraft des Universums* (Reinbek: Rowohlt, 1988).

Hut Piet, and Martin J. Rees, »How Stable is Our Vacuum?«, Nature. 302 (1983) 508.

Islam, Jamal N., *The Ultimate Fate of the Universe* (Cambridge: Cambridge University Press, 1983).

Linde, Andrej D., *Particle Physics and Inflationary Cosmology*, (New York: Gordon & Breach, 1991); dt.: *Elementarteilchen und inflationärer Kosmos. Zur gegenwärtigen Theoriebildung.* (Heidelberg: Spektrum Akademischer Verlag, 1993).

Luminet, Jean-Pierre, *Black Holes* (Cambridge: Cambridge University Press, 1992); dt.: *Schwarze Löcher* (Wiesbaden: Vieweg, 1996).

Misner, Charles W., Kip S. Thorne and John A. Wheeler, *Gravitation* (San Francisco: W. H. Freeman, 1970).

Page, Don, und Randall McKee, »Eternity Matters«, Nature 291 (1981) 44.

Rees, Martin J., »The Collapse of the Universe: An Eschatological Study«, The Observatory, 89 (1969), 193.

Smolin, Lee, »Did the Universe Evolve«, Classical and Quantum Gravity, 9 (1992), 173.

Tipler, Frank J., *The Physics of Immortality* (New York: Doubleday, 1994); dt.: *Die Physik der Unsterblichkeit* (München: Piper, 1994).

Tolman, Richard C., *Relativity, Thermodynamics and Cosmology* (Oxford: Clarendon Press, 1934).

Turner, Michael S., and Frank Wilczek, »Is Our Vacuum Metastable?« Nature, 298 (1982) 633.

Waldrop, M. Mitchell, *Complexity: The Emerging Science at the Edge of Order and Chaos* (New York: Simon & Schuster, 1992); dt.: *Inseln im Chaos, Die Erforschung komplexer Systeme* (Reinbek: Rowohlt, 1993).

Weinberg, Steven, *The First Three Minutes: A Modern View of the Origin of the Universe*, überarb. Ausg. (New York: Basic Books, 1988); dt.: *Die ersten drei Minuten, Der Ursprung des Universums* (München: Piper, 1992).

Register

Kursiv gesetzte Ziffern verweisen auf die Abbildungen.

Barrow, John 14, 141f., 154, 156
Bennett, Charles 143
Bondi, Herman 184
Burbidge, Geoffrey 60
Burbidge, Margaret 60

Carter, Brendon 82
Clausius, Rudolf 24
Coleman, Sidney 160–166

Darwin, Charles 144, 172, 181
De Luccia, Frank 160–166
Dyson, Freeman 116, 136ff., 143

Eddington, Sir Arthur 99
Einstein, Albert 36, 58, 72, 78, 81, 99, 177

Foreword, Robert 137
Fowler, William 60

Gell-Mann, Murray 180
Gold, Thomas 180, 184
Guth, Alan 169

Hartle, James 180
Hawking, Stephen 11, 82, 110ff., 180
Heisenberg, Werner 48f., 53, 110
Helmholtz, Hermann von 23f., 26f.
Hoyle, Fred 60, 186f.
Hubble, Edwin 36ff., 37, 77
Hut, Piet 166f.

Kelvin of Largs [Lord] 24
Kepler, Johannes 55, 108

Landauer, Rolf 143
Linde, Andrej 181–184
Lippincott, Sara 14

Lukrez 5
Lyons, Jerry 14

McKee, Randall 141

Narlikar, Jayant 186
Newton, Isaac 31 f., 72, 108

Olbers, Heinrich 29, 31

Page, Don 141
Pauli, Wolfgang 57, 59, 95
Penrose, Roger 14, 82
Penzias, Robert 9
Platon 187

Rees, Martin 151, 166 f.
Ruffini, Remo 82
Russell, Bertrand 27, 128, 140, 188

Shelton, Ian 55, 59
Slipher, Vesto 36
Smarr, Larry 82
Smolin, Lee 172
Steel, Duncan 14

Thomson, Sir William s. Kelvin of Largs [Lord]
Tipler, Frank 14, 141 f., 154, 156
Toleman, Richard 176 ff.
Turner, Michael 166
Twamley, Jason 14

Ussher, James 10

Weinberg, Steven 10, 43, 188
Wheeler, John 84
Wilczek, Frank 166
Wilson, Arno 9

Sachregister

Aldebaran 67
Alphateilchen 115, 163, *163*
Andromeda-Galaxie 19
Anti-Gravitation 45f., 52, 175
Antike 103
Arkturus 67
Asteroide 19f., 102, 114, 127, 141 f.
Astronomie 13, 21, 28, 32, 55, 59, 62, 65. 68f., 73f., 76, 80, 91 f., 97, 99ff., 109, 127, 130, 149, 158, *159*, 166, 176
Astrophysik 73
Atheismus 128, 140

Bakterien 145
Beta-Zerfall 57f.
Beteigeuze 33, 67
Bevölkerungskrise 126ff.
Biologie 144
Biosphäre 144
Biotechnik 129
Blei 64
Braune Zwergsterne 21
Brennstoffe, fossile 126f.

Buddhismus 173

Chaos 144, 146, 181
Chemie 166
COBE [›Cosmic Background Explorer‹] 42, 44, 47, 53
Crabnebel 64f.
Cygnus X-1 73, 75, 77, 97

Deuterium 43
Diamant 116
Dissipation 143
Doppelstern 21, 81f., 108
Dunkle Materie 102

Eisen 62, 116, 177
Elektromagnetismus 50f., 77, 82f.
Elektron-Positron-Paar 122ff.
Elementarteilchen[physik] 47, 58, 92, 152, 166, 176
Energie 58, 60ff., 70ff., 76, 80, 82ff., 92, 109f., 113, 117, 126f., 135ff., 140f., 143, 151, 161 f., *163*, 167f., 176

Entropie 24ff., 136, 144–147
Ereignishorizont 86f., 110ff., 155f., 184
Evolution 129, 144, 146, 172, 181

Galaxie[n] 19ff., 36, 38, 42, 44, 69f., 76ff., 90f., 96ff., 101, 107ff., 128ff., 142, 148f., 151, 160, 176, 178, 185
Gammastrahlen 119
Gehirn 132ff., 138f., 155f.
Genmanipulation 129–133
Geologie 21, 130
Genom, menschliches 133
Gold 64
Gravitation 32, 37f., 47, 50ff., 60ff., 66, 68, 71, 73f., 76ff., 83ff., 89ff., 93, 97ff., 108f., 110f., 120f., 128, 131, 140, 142, 152, 157, 160f., 165, 175, 184
Gravitationslinse 99, *100*, 101
Gravitationsschleuder 109
Gravitationsstrahlung 81f., 108
Gravitationswellen 13, 79ff., 95, 106ff.
Große Magellansche Wolke 55, 59, 101

Hawking-Effekt 102, 110–114, 121, 168
Hawking-Strahlung 111, 113, 141
Helium 43, 60ff., 66ff.
Helium-3 43
Higgsinos 95
Hinduismus 173
Hintergrund-Wärmestrahlung 9f., 40ff., 114, 124, 150, 176, 186
Hitzetod (des Universums) 27f., 34, 125, 136, 140, 175, 178f., 188
Hochenergie-Teilchenphysik 44
Hochtemperatur-Strahlung 41
Homo sapiens 127, 129

Implosion (eines Sterns) 60, 63, 65f.
Informations[verarbeitung] 135ff., 143ff., 147, 154–159, *158*
Irreversibilität 26, 175, 177

Jupiter 17, 19

Katastrophe 12, 18, 21f., 60, 90, 125ff., 134, 148, 152f., 158–162, *159*, 165, 173–176, 188
Kernverschmelzung 61
Kind- und Mutter-Universum 167–172, *169*, 182
Kleinst-Universen 181
Kohlenstoff 64, 68, 115f.
Kollaps s. Katastrophe
Kometen 19f., 114, 122
Komplexität, organisierte 145ff.
Kosmologie 9ff., 35, 39f., 44f., 53, 91, 103, 127, 140, 166, 172, 178, 180, 184, 187

Leuchtende Materie 102
Lichtgeschwindigkeit 57f., 86, 90f., 93f., 129f., 135, *155*, 159, 159f., 165f., 183
Lichtwellen 36
Lithium 43

Magnesium 116
Mars 17, 19
Masse 57f., 61, 71f., 79, 83f., 89, 93–98, 101, 104, 112, 117, 177
Mathematik 85, 103, 145, 155, 164, 170

Merkur 67
Metaversum 170
Milchstraße 19, 21, 59, 66, 69 f., 77, 89, 98, 101
Modell des zyklischen Universums 173–180, *174*
Molekularbewegung 23

Nanotechnik 132
NASA 42
Neon 62
Neutrinos 56 ff., 63 f., 92–95, 112, 119 f., 124, 139
Neutronen 57 f., 63, 65, 116, 122, 124
Neutronensterne 13, 21, 65 f., 70, 74, 80 ff., 90, 107, 109, 114, 122, 137
Neutrons-Spin 58 f.
Niedertemperatur-Strahlung 41
Nihilismus 140
Numerologie 103

Offenbarung des Johannes 18
Ökologie 22, 127, 140, 166
Ökosystem 144, 150
Olbersches Paradoxon 28, *30*, 32 f.
Ordnung [s. a. Information] 145 ff.
Orion-Gürtel 55

Paradies 188
Philosophie 35, 103, 186
Photinos 95
Photonen 122
Physik 110, 115, 117, 125, 132, 134, 136, 151, 155 f., 166, 171, 179, 185 ff.
Pion 117, 119, 122
Planeten, streunende 21
Plasma 151
Plasma, ionisiertes 41
Positronium 123
Protonenzerfall 13, 117 ff.

Quanten-Feldtheorie 110
Quantenmechanik 118, 121, 180 f.
Quantenphysik 114 f., 139, 161
Quantentheorie 47 ff., 110
Quantenvakuum 110
Quantenwirkungen 157
Quarks 121 f., 152
Quasare 100

Radioaktivität 56 f.
Radiowellen 76, 101 f.
Raum 152 f., 158, *159*, 181
Raumzeit 86 f., 152, 165
Relativitätstheorie, Allgemeine 36, 78, 99, 134, 159
Roboter 133
Röntgenstrahlen 75 f.
Roter Riese 150
Rotverschiebung (des Lichtes) 36, *37*, 41, 91
Ruhemasse s. Masse

Sagittarius A* 77
Sanduleak -69 202 (Blauer Superriese der Klasse B3) 60
Satz von der Erhaltung der Energie 57
Sauerstoff 62, 64, 68, 131
›Schöpfungsfeld‹ 186
Schwarze Löcher 13, 19, 21, 66, 70–88, *72*, 91, 97, 101 f., 107–116, 121 f., 128, 141, 150, 152, 155, 160, 168, 170, 178, 184

Schwarze Zwergsterne 107, 114
Schwerkraft 93, 99 f., 107
›Seifenschaum‹struktur 42, 99
Silizium 131
Singularität 87, 152, 155, 162
Sinnlosigkeit 153, 174, 188
Sonne 19, 21 f., 26 f., 61, 67 f., 72, 91, 99, 106 f., 127 f., 130, 138, 142, 150, 160
›Spaghetti‹-Bildung 86 f.
Starke atomare Wechselwirkung 120
Steady-state-Theorie 9, 184, 186 f.
Stern Epsilon Eridani 131
Sternbild Adler 80 f.
Sternbild Coma Berenices 98
Sternbild Krebs 63
Sternbild Orion 69
Sternbild Schwan 73
Sternenleichen 66
Strahlung, elektromagnetische 41 f.
Superhaufen (von Galaxien) 42, 99
Supernova 1987A 55, 59, 64, 94, 120
Supernov 55, 59, 63 ff., 70, 92, 94, 160
Superriese, blauer 73 ff.
Superriese, roter 62, 67
Swift-Tuttle-Komet 17

Thermodynamik 24 ff., 31, 33, 35, 41, 135
Thorium 115
Tote Sterne 108
Tscherenkow-Impulse 120
Tscherenkow-Strahlung 119
Tunneleffekt 162 ff., *163 f.*

Universen, Entstehung neuer [s. a. Kind- und Mutter-Universum] 170, 179
Universum 25 ff., *30*, 31 ff., 36, 41 f., 52, 81, 86, 88–98, 104 ff., 114 f., 122 ff., 133 ff., 140, 143, 146 ff., 151, 153, 155 f., *159*, 160 f., 165, 167, 169 f., 175–179, 182 f., 185–189
Universum, Ende des 11, 22 f., 27 f., 34, 54, 128, 134 f., 141, 144–158, 167, 173, 180, 188 f.
Universum, Entstehung des 9 f., 22, 35, 43, 45, 54, 145
Universum, Expansion (Inflation) des 36, *37*, 38 f., *39*, 44 ff., *46*, 51 ff., 103 ff., 110, 124, 143, 148, 150, 153, 161, 168, 175, 181 ff.
Universum, Implosion des 152 ff., 175
Unschärferelation 48, *53*, 110, 112, 162
Uran 64
Uran-238 115
Urknall-Theorie 9 ff., 28, 35, 39 ff., *39*, 42, 44, 46, 51, 54, 92 f., 95, 99, 104, 124, 149, 151 ff., 167 f., 170, 176, 178, 184, 186
Urschleim 144

Vakuum 161–171, *164*
Venus 67
»Vergangenheitslichtkegel« 159, *159*
Virtuelle Teilchen 48 ff., 110 ff., 161

Wärmestrahlung 113, 150 f., 176
Wärme[energie] 23 ff., 33, 96, 135, 137 f., 140, 177

Wasser 119
Wasserstoff 42 f., 60 f., 177
Weiße Zwergsterne 68, 70, 74, 122
Wellen-Teilchen-Dualismus 48
WIMPs (»weakly interacting massive particles«) 95 f.
»Wurmloch« 168, *169*, 170 f.

Zeit 40, 46, 49, 86 ff., 125, 132, 134, 137, 148, 152 ff., 156, 158, *159*, *174*, 179, 181, 186
Zeitpfeil *24*, 24, 179
Zweiter Hauptsatz der Thermodynamik 25 ff., 69, 128, 140, 145 ff., 179
Zyklus s. Modell des zyklischen Universums